KB267533

테이블 스타일링 & 플라워

왕경희 저

예신 Books

들어가면서...

　하루를 마감하고 집으로 돌아왔을 때 따뜻한 식탁과 사랑하는 가족이 나를 반겨 준다면…, 이런 저런 일들에 지친 마음이 친구가 건네는 향기로운 차 한 잔에 힘을 얻을 수 있다면…, 그곳이 호텔 식당의 근사한 테이블이나 5월의 화사한 정원이 아니더라도 세상 무엇과도 바꿀 수 없는 위로가 되어 줄 것입니다.

　테이블 스타일링이라는 것은 그런 것입니다. 화려하고 근사한 꾸밈이 아니더라도 상대에게 위로와 안식을 줄 수 있는 아주 특별한 행위입니다. 테이블 스타일링을 어렵게 생각하는 사람도 있지만 그렇게 거창하고 어려운 것만은 아닙니다. 가지고 있는 그릇 중에서 오늘의 요리와 가장 어울리는 것을 꺼내어 담고, 집에 있는 작은 꽃 화분을 올리거나 멋을 부려 조금 특별한 소품들을 마련해도 괜찮습니다. 중요한 건 사람들을 생각하는 마음입니다. 저 역시 테이블을 꾸미기 위한 꽃을 꽂으면서 여기 앉을 사람들의 마음을 생각합니다. 조금이라도 우울했던 기분을 이 작은 공간에서 위로 받을 수 있었으면, 따뜻하고 좋은 시간이었다고 기억될 수 있다면, 테이블을 꾸미기 위해 애썼던 시간들이 행복감으로 남지 않을까요.

　저는 원래 플로리스트라 테이블 스타일링에 대한 전문 지식을 가진 것도, 뛰어난 스타일링 능력을 가진 것도 아닙니다. 하지만 지난 삼십여 년 동안 꽃을 스타일링하면서 꽃과 어우러지는 테이블 스타일링에 대한 고민을 항상 해왔던 터라 조심스럽게 여러 가지 형태의 테이블 스타일링을 소개하고자 합니다. 여러분의 관심과 응원으로 다시 책을 내놓게 되었습니다. 조금 손을 보긴 했지만 혹 미흡한 점이 있더라도 이 책을 위해 애쓴 사람들의 손길을 생각해 주신다면 더욱 힘을 내겠습니다.

　요즘 너나없이 힘들고 어려운 상황이라고 합니다. 상투적인 위로로 느껴질 수도 있지만 이럴 때일수록 서로에 대한 응원과 믿음이 가장 큰 힘이 되지 않을까 생각합니다. 언젠가 시간이 흐르고 지금을 추억할 때가 온다면 너무 힘든 기억만 남지 않도록 곁에 있는 이들에게 따뜻한 차 한 잔이나 소박한 밥상을 대접해 보는 것은 어떨까요? 가지고 있는 가장 화려한 그릇을 올리고 할 수 있는 한 최대한의 멋을 부려 보세요.

왕경희 씀

contents

1. 테이블 스타일링의 이해

2. 플라워 디자인과 색채 이미지

3. 테이블 플라워 디자인 연출 1 – 꽃과 요리가 함께하는 테이블

테이블 플라워 디자인 연출 2 – 꽃으로 연출한 다양한 테이블

5 다양한 스타일의 테이블 플라워 실습

 6 테이블을 돋보이게 하는 스타일링 아이디어

 7 알고 있으면 도움되는 테이블 매너

01

테이블 스타일링의 이해

테이블 스타일링의 이해

테이블 스타일링이란

● 의 미

테이블 스타일링이란 쉽게 말해 어떤 목적을 가지고 그 목적에 맞게 테이블을 연출하는 것이라고 할 수 있다. 예전에는 단순히 식사를 기본으로 하는 사교의 장이라는 것을 기본 전제로 두고 테이블을 연출했지만 최근에는 특정 상품 디스플레이나 이벤트 등을 위한 장식적인 기능을 강조한 테이블 스타일링도 늘어나고 있다. 때문에 무엇을 위한 자리인지 어떤 사람들이 모이는지에 대한 것부터 숙지한 후 거기에 알맞은 테이블 스타일링을 위한 계획을 세워야 한다.

테이블 스타일링을 하는 목적은 음식을 먹음직스럽게 보이게 하고자 하는 데 일차적인 이유가 있다. 그 다음 음식을 먹는 사람들이 식사 시간을 얼마나 즐길 수 있느냐, 더 나아가 단순히 즐기는 식사 테이블을 넘어 원활한 커뮤니케이션이 이루어지도록 하는 연결고리로서의 역할도 수행할 수 있어야 한다.

▲ 싱그러운 봄 느낌의 테이블 장식

● 역 사

  상차림의 역사는 그 나라의 정치·경제적 배경과 더불어 음식문화의 특색에 따라 다양한 모습으로 발전되어 왔다. 서양에서는 18세기 각종 도자기와 크리스탈이 생산되기 시작하면서 화려한 로코코 문화가 꽃피우기 시작했는데 이 시기 귀족을 중심으로 아름다운 식탁을 꾸미는 것에 관심을 가지기 시작했다. 이후 산업혁명, 1·2차 세계대전을 거치면서 일반인들에게까지 테이블 스타일링이 확산되기 시작했으며 외식문화가 발달하면서는 상차림이 점점 간소화되어 일상을 즐기는 한 방편으로 자리잡기 시작했다.

  우리나라는 고려시대와 조선시대에 화려하게 꽃피웠던 식문화가 일제강점기와 6.25를 거치면서 관심도와 수준이 떨어지게 되었다. 하지만 소득 증가와 더불어 사람들의 의식 수준 또한 변화하면서 어떻게 하면 음식을 보다 맛있고 즐겁게 먹을 수 있을까에 대한 고민을 하기 시작했고 그와 더불어 테이블 스타일링에 대한 관심도 높아지게 되었다.

테이블 스타일링의 구성 요소

● 구 성

  식탁을 꾸미는 여러 가지 이유 중 첫 번째 이유는 보다 깨끗하고 쾌적한 상태에서 음식을 먹기 위한 것이다. 때문에 테이블을 꾸미는 데 있어 가장 우선시해야 할 것이 위생과 관련한 사항들이다. 그 다음이 잘 차려진 상차림을 통해 얻을 수 있는 다섯 가지 마음의 즐거움, 시각·미각·촉각·후각·청각을 충분히 충족시킬 수 있어야 한다는 것이다. 이 두 가지 외에도 가장 중요한 것이 사람을 중심에 두고 음식을 차리는 때와 장소·목적에 관한 TPO를 정확하게 이해하고 그에 맞게 테이블을 연출해야 하는 것이다. TPO란 시간(Time), 장소(Place), 목적 또는 대상(Object)을 뜻하는 것으로 이들이 정확하게 맞아 떨어져야 제대로 된 테이블 스타일링이라고 할 수 있다.

▲ 미술을 주제로 야외에 꾸민 테이블

▲ 아이 생일파티를 위한 테이블 스타일링

시간(Time)은 테이블 스타일링을 하는 시간대를 말하는 것으로 아침·점심·저녁 식사인지 오후의 티타임(Tea time)인지에 따라 테이블 스타일링 구성요소 또한 달라져야 한다. 아침 식사라면 간단한 음식과 단순하고 깔끔한 꾸밈을, 저녁 정찬이라면 조금 더 격식을 차려 연출하는 것이 어울린다. 이 시간이란 개념에는 계절적 의미도 포함되어 있기 때문에 상차림에는 계절적 요소도 표현되도록 하는 것이 좋다.

장소는 테이블 스타일링을 하는 장소를 말하는 것으로 실내인지 실외인지, 집인지 호텔 등의 외부의 어떤 공간인지에 따라 테이블의 크기와 형태 등이 달라지며 다양한 스타일링을 시도해 볼 수 있다.

목적이나 대상은 무엇 때문에 누구를 위해서 테이블 스타일링을 해야 하는지를 말하는 것이다. 아이의 생일을 위한 자리인지, 친구들 사이의 친목을 다지기 위한 자리인지, 어른의 생신을 축하하는 자리인지에 따라 그에 맞는 상차림을 해야 성공적인 테이블 스타일링이라고 할 수 있다.

● 요 소

제대로 된 상차림을 위해서는 몇 가지 요소들이 갖추어져야 한다. 식사를 할 때 사용되는 그릇의 총칭인 디너웨어(Dinnerware), 나이프·스푼·포크 등 수저류를 일컫는 커트러리(Cutlery), 식사 중에 제공되는 음료나 술을 마시기 위한 글라스웨어(Glassware), 테이블을 꾸밀 때 쓰이는 모든 천 종류를 말하는 린넨(Linen), 꽃이나 액세서리 등을 이용해 식탁의 중앙을 꾸미는 센터피스(Centerpiece) 등이 제대로 된 상차림을 위한 기본 구성 요소들이다.

▲ 다양한 크기의 그릇들

▲ 유리 재질의 그릇들

▲ 테마가 있는 그릇 세트

■ 디너웨어(Dinnerware)

디너웨어는 서양식 테이블 세팅에서 가장 기본이 되는 것으로 식기 또는 차이나(China)라고도 한다. 메뉴가 정해진 다음 그 메뉴에 알맞게 디너웨어가 선택되는데 단순하고 경쾌한 것부터 색다른 분위기를 연출할 수 있는 멋스러운 것까지 종류가 매우 다양하다. 하지만 음식을 담는 그릇이 지나치게 화려하면 시선이 분산될 뿐 아니라 자칫 음식이 초라해 보일 수도 있기 때문에 지나치게 컬러풀하고 특이한 디자인은 피하는 것이 좋다. 음식을 담는 데 소용되는 그릇은 만드는 재질과 크기, 형태에 따라 그 용도를 나눌 수 있다.

▼ 디너웨어 분류

분류	재 질	용 도
종류	토기, 석기, 도기, 자기, 본차이나, 크림웨어	개인용 – 접시, 볼, 컵 서브용 – 서브용 볼, 음료용기, 굽달린 접시 물주전자, 서빙용 접시, 소금 · 후추통 트레이 등

■ 커트러리(Cutlery)

커트러리는 플랫웨어(Flatware)라고도 하는데, 정식 디너 세팅에서는 순은이나 도금 제품 사용을 원칙으로 하고 이를 실버웨어(Silverware)라고도 부른다. 커트러리는 그 용도에 따라 모양이 조금씩 다른데 테이블 세팅을 할 때 용도에 맞게 커트러리의 위치와 서브 순서를 정해야 한다. 서브되는 요리의 순서에 따라 먼저 서브되는 요리에 소용되는 커트러리를 바깥쪽에 배치하는 것이 기본적인 방법이다. 나이프는 칼날이 안으로 향하게 하여 오른쪽에 두고, 포크는 왼쪽에 스푼은 나이프 쪽에 두면 된다. 커트러리는 쥐었을 때 안정감이 느껴지도록 적당한 무게감과 균형이 있는 것을 선택하도록 한다. 전체 테이블의 조화를 위해서는 다른 그릇이나 유리잔의 디자인과 커트러리의 장식이나 금속의 색 등의 조화를 잘 살펴야 한다.

▼ 커트러리 분류

분 류	유 래	형태에 의한 분류	특 징
스푼 (spoon)	조개껍데기에서 발전한 최초의 식사도구	• 볼의 형태가 정삼각형 → 타원형 → 긴 삼각형 → 달걀형 → 타원형 • 특별한 형태에 따라 소금, 감귤류 • 특별한 음식용	• 테이블 스푼 : 수프의 발달과 연관 • 티 스푼 : 기호음료의 유행과 연관
나이프 (knife)	취식도구 가운데 비교적 일찍 등장	• 뾰족한 날 끝 : 찍어먹는 기능 • 평평한 날 끝 : 음식물을 얹어 입으로 이동 • 포크의 등장 후 음식물을 자르는 역할만 수행	• 조리 목적 외에 무기나 연장 등 다목적 용도 • 목적에 따라 구분
포크 (fork)	건초 등을 끌어올리기 위한 도구	• 주 기능에 따라 두 갈래 → 세 갈래 → 네 갈래로 변화 • 17세기 : 조리용보다 식탁용이 갈래가 짧고 가늘어짐	사용 목적에 따라 제의, 조리, 식탁용으로 구분

▼ 커트러리 종류

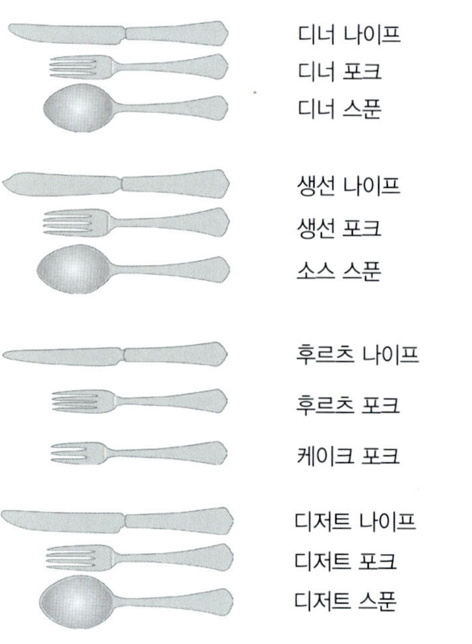

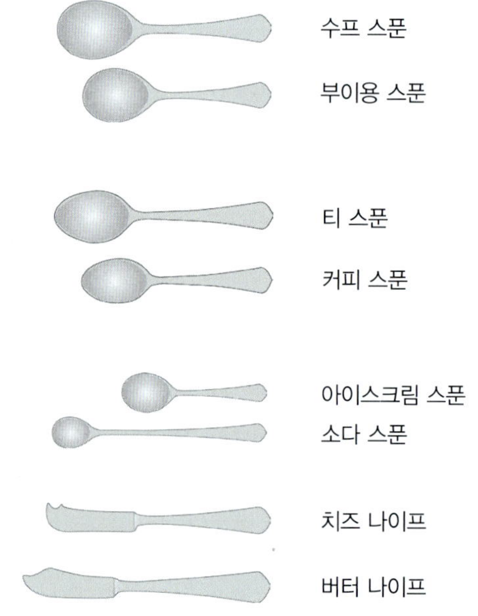

■ 글라스웨어(Glassware)

글라스는 그 모양에 따라 크게 원통형으로 생긴 텀블러(Tumbler)와 중간 손잡이 부분이 가늘게 생긴 와인잔 형태의 고블릿(Goblet)으로 나눌 수 있다. 스템웨어(Stemware)라고도 불리는 고블릿은 물과 와인·샴페인·코냑 등을 마실 때 사용되고, 텀블러는 칵테일이나 음료수 잔으로 이용한다. 스템웨어 글라스는 내용물이 데워지지고 차갑게 유지될 수 있도록 해줘 물이나 아이스티·와인 등의 차가운 음료를 서브하는 데 사용된다. 고블릿은 보통은 물을 담을 때 쓰이는 것으로 튤립형이며, 레드와인은 고블릿 중에서도 보통 큰 잔에 마신다. 이는 공기와의 접촉면이 커질수록 와인의 향을 제대로 즐길 수 있기 때문이다. 화이트와인은 외부 온도의 영향을 최소화하면서 차가운 상태로 즐길 수 있게 하기 위해 적은 용량의 글라스를 사용한다.

격식을 갖춘 상차림에서 글라스웨어류는 같은 디자인으로 선택하여 연출하도록 한다. 서양식 정찬 상차림에서 다양한 커트러리가 놓여 있을 때는 높이가 일정하지 않은 글라스웨어를 두면 시선이 분산될 수 있으므로 길이를 맞춰 주는 것이 좋다.

글라스는 사용 전·후 손질에도 세심한 손길이 필요하다. 소재의 특징상 깨지기도 쉬울 뿐 아니라 쉽게 얼룩이 묻을 수 있어 항상 조심해야 한다. 상차림 전 미지근한 물로 씻어 보풀이 일지 않는 행주로 닦아내고 사용 후에도 곧바로 닦아야 투명함을 유지할 수 있다. 자주 사용하지 않는 글라스웨어는 덮개로 덮어두거나 기름기가 많은 부엌에서 떨어진 장식장에 보관하는 것이 가장 좋다. 스템웨어를 보관할 때는 볼을 아래쪽으로 두면 선반의 안 좋은 냄새와 습기가 모일 수 있을 뿐 아니라 림(Rim ; 글라스의 제일 위쪽, 직접 입이 닿는 부분)이 상할 수도 있으므로 위쪽을 향하도록 한다.

▲ 상차림 시 기본 글라스 세트

▲ 4인용 정찬 테이블

▼ 글라스웨어의 종류

명 칭	용 도
고블릿(Goblet)	물, 롱 드링크 칵테일, 맥주, 비알콜성 음료
레드와인 글라스(Red wine glass)	온도 변화에 상관없으므로 커다란 잔 사용
화이트와인 글라스(White wine glass)	한번에 적은 양이 들어가는 잔
샴페인 글라스(Champagne glass) : saucer / flute	스파클링 와인용. 행사장의 건배나 피라미드 형태로 쌓을 때 / 거품 유지하며 육안으로 즐기고자 할 때
칵테일 글라스(Cocktail glass)	위스키 글라스
브랜디 글라스(Brandy glass)	브랜디의 향이 밖으로 퍼지지 않도록 글라스의 크기와 상관없이 30mL 정도 따른다.
쉐리와인 글라스(Sherry wine glass)	쉐리나 포트 와인 음용
리큐르 글라스(Liquer glass)	스트레이트 잔이라고도 불리는 식후주인 리큐르 전용
필스너(Pilsner)	맥주용 : 여러 가지 형태 중 길고 좁은 형태를 주로 사용
저그(Jug)	맥주용
텀블러 글라스(Tumbler glass)	롱 드링크 칵테일, 비알콜성 칵테일, 과일주스, 청량음료 등 사용 범위가 넓다.
올드패션 글라스(Old fashioned glass)	온더락 스타일의 칵테일과 위스키용
샷 글라스(Shot glass)	위스키와 스피릿을 스트레이트로 마실 때 사용하는 작은 글라스
디캔터 글라스(Decanter glass)	와인용 · 브랜디용 · 위스키용 : 마개 있는 식탁용 유리병

▼ 글라스 종류

▲ 다양한 종류의 린넨류를 사용한 테이블　① 테이블 클로스 ② 냅킨 ③ 러너 ④ 매트

■ 린넨(Linen)

테이블 스타일링에 사용되는 각종 천류를 일컬어 린넨이라고 하는데 테이블 클로스(Table cloth), 냅킨(Napkin), 러너(Runner), 언더 클로스(Under cloth), 탑 클로스(Top cloth), 매트 (Mat) 등이 속한다. 격식을 갖추어야 하는 자리나 정찬 테이블에는 린넨의 색상이나 소재를 제한 하기도 하지만 평소에는 면이나 흡수성이 강하고 세탁에 강한 소재라면 합성섬유라도 괜찮다. 늘 사용하던 그릇이라 하더라도 린넨 하나로 전혀 다른 분위기로 보일 수도 있다. 이렇게 린넨은 테이블 스타일링에 있어 분위기 연출에 중요한 요소인 동시에 위생적인 기능의 실용성도 함께 지 니고 있다.

• 테이블 클로스와 매트(Table cloth & Mat)

테이블 클로스를 깔기 전에 식기가 미끄러지고 글라스나 커트러리를 놓았을 때 소리가 나지 않 도록 반드시 언더 클로스를 깔아주도록 한다. 용도에 따라 테이블 클로스의 길이가 달라지는데 보통의 경우 식탁 끝에서 25~30cm 정도 아래까지, 격식이 필요할 때는 50cm 정도, 뷔페 테이 블은 바닥까지 테이블 클로스가 떨어지도록 한다. 테이블 전체의 색과 분위기를 결정하 는 바탕이 되는 것이 테이블 클로스이다. 때 문에 식기·커트러리·센터피스 등 테이블을 연출하는 다른 구성 요소들과 어울려야 한 다. 캐주얼한 테이블 스타일링에 주로 쓰이 는 매트는 식탁 위에서 개인 공간을 구분지 어 주는 역할을 한다.

▲ 같은 재질의 냅킨과 매트

• 냅킨(Napkin)

입술과 손가락 끝을 닦는 데 사용되는 냅킨은 서양식 테이블 세팅에서 가장 기본적으로 필요한 요소이다. 냅킨의 크기는 여러 변수에 따라 달라지긴 하지만 일반적으로 세로·가로 각 45cm 정도가 적당하고 정찬용으로는 50cm 정도의 크기가 적당하다. 원칙적으로는 테이블 클로스와 같은 소재의 헝겊 냅킨을 사용해야 하지만 칵테일 파티의 경우에는 종이로 만든 냅킨을 사용하기도 한다. 포멀한 경우가 아니라면 테이블 클로스와 냅킨을 다른 색으로 매치하여 다양한 컬러 코디네이션을 연출할 수 있다.

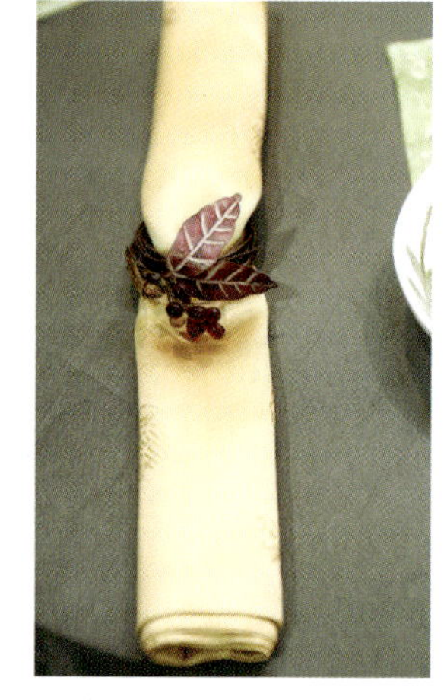
▲ 냅킨 링으로 연출한 냅킨

• 러너와 탑 클로스(Runner & Top cloth)

테이블 중앙에 세로로 길게 까는 천을 러너라고 한다. 원칙적으로는 테이블 클로스와 함께 사용하지 않지만 최근에는 캐주얼한 테이블이나 우아한 테이블에 이용되기도 한다. 이때는 테이블 클로스보다 약간 진한 컬러를 사용하되 같은 계열의 색상을 선택하거나 과감하게 보색 컬러를 사용해 보는 것도 좋다.

러너는 실용적인 목적보다는 장식적인 효과를 노린 것이므로 독특한 소재와 컬러를 선택하는 것이 좋으며 러너를 사용할 때는 테이블을 가급적이면 심플하게 꾸미도록 한다. 탑 클로스는 테이블 클로스 위에 정사각형의 클로스를 한 장 더 깔아 주는 것으로 캐주얼한 분위기를 연출하는 데 이용된다.

▲ 포인트로 사용한 러너

▲ 여성적이고 밝은 분위기의 센터피스

▲ 여러 개의 화기를 이용한 센터피스

▲ 조화로 연출한 센터피스

■ 센터피스(Centerpiece)

테이블의 중앙에 놓여 전체적인 분위기를 결정하는 데 큰 역할을 하는 장식이 센터피스이다. 가장 일반적으로 사용되는 것이 꽃으로 꾸민 센터피스인데 꽃 외에도 과일이나 야채·초, 또는 그 밖의 장식품들을 다양하게 활용할 수 있다.

센터피스는 테이블에 앉은 사람의 시선을 가리거나 식사에 방해가 되지 않는 범위 내에서 그 크기를 결정해야 한다. 센터피스를 꽃으로 연출할 때는 음식의 맛과 향을 방해할 수 있는 지나치게 향이 강한 소재나 떨어져 날릴 위험이 있는 말린 소재는 피해야 한다. 초를 센터피스에 이용할 때는 효과적인 분위기 연출은 물론 음식의 잡냄새를 제거하는 데 도움이 되긴 하지만 꽃과 마찬가지로 향이 강한 아로마 향초는 피하는 것이 좋다.

테이블 스타일링과 플라워 디자인 연출

● 테이블 스타일링에서 꽃의 의미와 역할

테이블 중앙에 놓는 장식을 센터피스라고 하는데 다양한 소재가 센터피스에 사용되지만 그 중 가장 대표적인 것이 꽃을 이용한 장식물이다. 센터피스는 중세 연회 중심의 테이블 세팅이 발달하면서 본격적으로 나타나기 시작했다. 이때 음식 외 식탁을 아름답게 꾸미고자 하는 욕구가 커지면서 꽃이나 식물 소재를 이용해 다양한 장식을 발전시켜 나갔다.

시각·미각·후각·촉각·청각의 오감을 만족시켜 식사 시간을 더욱 즐겁게 하고 사람들 간의 원활한 커뮤니케이션 활동이 일어나게 하는 것이 테이블 스타일링의 목적이라고 할 수 있다. 오감 중에서 대부분을 차지하는 것이 시각적 자극으로 얻는 감각이다. 시각적 자극은 테이블 전체의 색감과 형태에서 가장 큰 영향을 받는데 그 중에서도 꽃으로 만든 장식물에서 가장 먼저 영향을 받는다고 할 수 있다.

꽃 장식물은 테이블의 성격을 보여주는 하나의 요소이기도 하지만 때로는 테이블의 성격을 만들어주기도 한다. 꽃이 가지고 있는 다양한 색과 향이 사람의 시각과 후각을 자극하여 식감에 영향을 미쳐 즐거운 식사 시간이 될 수 있도록 한다. 꽃은 같은 소재라고 하더라도 각각의 색과 모양이 달라 어떻게 디자인하느냐에 따라 다양한 표정으로 연출이 가능하다. 뿐만 아니라 특정 목적을 가지고 꾸민 테이블이라면 꽃의 역할이 더욱 크다고 할 수 있다. 꽃은 이벤트 연출에 있어 가장 대표적이고 중심적인 기능을 하기 때문이다.

이외에도 플라워 디자인이 상차림에서 가지는 역할은 다양하게 설명 가능하다. 우선 실내에서도 계절감을 느낄 수 있게 하고, 플라워 디자인의 입체성으로 테이블 전체를 더욱 풍성하게 보여지도록 한다. 뿐만 아니라 사용된 꽃이 가진 의미나 상징성에 따라 테이블의 성격을 유추해 볼 수도 있고 살아 있는 식물을 보는 데서 오는 심리적 안정감이 사람의 몸과 마음을 더욱 편안하게 해준다.

▲ 간단한 소재만으로 계절감을 연출한 테이블

▲ 가을 느낌을 주는 테이블

● 테이블 플라워 디자인의 특성

테이블 스타일링을 구성하는 다른 요소들과 마찬가지로 테이블 플라워 디자인 역시 상차림을 하는 목적과 장소, 시간(계절감) 외에도 식사를 할 사람들의 연령과 취향 등이 고려되어야 한다. 디자인적인 면에서 고려되어야 할 테이블 플라워 디자인의 특성을 살펴보면 다음과 같이 5가지로 나눌 수 있다.

첫 번째, 미적인 기능성이다. 테이블 플라워 디자인의 가장 큰 목적은 아름다운 식탁을 꾸미기 위한 것이니만큼 시각적 아름다움을 만족시킬 수 있어야 한다.

두 번째, 효율적인 기능성이다. 디자인적인 측면만 지나치게 강조되면 상차림 본연의 목적이 훼손될 수도 있으므로 미적인 부분뿐만 아니라 실용적이고 효율적 부분도 고려되어야 한다.

세 번째, 독창적인 측면이다. 핵심적인 디자인 요소이며, 독창적이고 색다른 아이디어로 다른 데서는 볼 수 없는 테이블 스타일을 만들어 내야 한다.

네 번째, 테이블 스타일링 요소들 사이의 질서성이다. 테이블을 꾸미는 여러 가지 요소들 사이의 조형적 요소와 디자인 원리 사이의 조화를 이루어야 한다.

다섯 번째, 경제적인 측면이다. 최소한의 시간과 비용의 투자로 최대한의 효과를 얻을 수 있어야 한다는 것으로, 다른 디자인 활동에서도 통용되는 특성이다.

▲ 장소와 목적에 따른 테이블 플라워 디자인

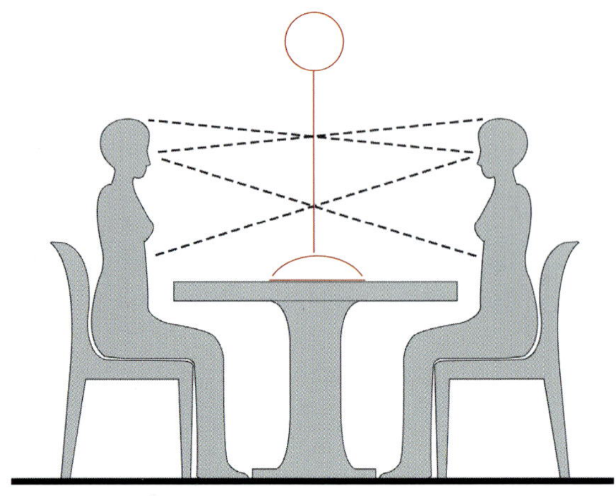

테이블 센터피스는 앉은 사람의 시선을 가려서는 안 된다. 반드시 테이블에 앉은 사람의 시선 아래나 위쪽에 위치하도록 한다.

● 테이블 플라워 디자인에 필요한 꽃 선택

■ 꽃의 향기와 종류

꽃은 각자 고유의 향을 가지고 있는 식물이다. 거의 향이 없거나 은은한 향을 내는 종류도 있고 릴리·히아신스·유칼립투스·스토크 등과 같이 진한 향을 내는 꽃도 있다. 향이 강한 꽃은 공간 장식이나 뷔페 테이블 또는 중앙에 높게 장식하여 가급적이면 음식과는 가까이 두지 않도록 한다. 왜냐하면 지나친 꽃의 향은 음식의 풍미를 떨어뜨릴 수 있기 때문이다. 반대로 장미나 카네이션 종류는 사계절 볼 수 있는데다 색도 다양하고 향도 진하지 않아 테이블 플라워 디자인에 유용하게 사용할 수 있다. 또, 향이 강하진 않더라도 쉽게 떨어지는 드라이플라워나 벌레 등이 있는 꽃, 알레르기를 유발시킬 수 있는 소재는 피하는 것이 좋다.

■ 꽃의 형태

꽃은 그 생김새에 따라 폼 플라워(From flower)·매스 플라워(Mass flower)·라인 플라워(Line flower)·필러 플라워(Filler flower)로 나눌 수 있는데 이 중에서 테이블 플라워 디자인에 가장 밀접하게 사용되는 종류가 매스 플라워와 필러 플라워 종류이다. 폼 플라워 종류는 꽃의 형태가 특이하기 때문에 단독으로 한 송이만 사용해도 괜찮고 함께 쓸 때는 다른 것들과의 조화에도 신경 써야 한다. 잎 소재 중에서도 몬스테라·엽란·팔손이잎 등은 테이블 클로스 위에 러너나 매트 형태로 사용하면 독특하면서도 자연스러운 분위기의 연출에 좋다.

형태	폼 플라워 (From flower)	매스 플라워 (Mass flower)	라인 플라워 (Line flower)	필러 플라워 (Filler flower)
특징	• 형태가 확실하고 개성이 강하다. • 어느 쪽에서 봐도 모양이 다르다.	• 둥글고 볼륨있는 꽃 • 작은 꽃이나 다수의 꽃잎이 모여 한 덩어리의 꽃을 이룬다. • 줄기 하나에 한 송이 꽃	• 가늘고 긴 가지에 여러 송이의 꽃이 달려 있다. • 줄기의 운동감이 확장 효과를 나타낸다.	• 하나의 줄기에 가는 줄기가 여러 개 붙어 있으며 가지마다 작은 송이의 꽃이 달려 있다. • 풍성한 느낌의 꽃이다.
역할	• 어레인지먼트의 중심을 이룬다. • 역동적인 느낌을 준다.	• 어레인지먼트의 중심을 이룬다. • 디자인의 전체 골격을 이루며 시선의 흐름을 만든다.	• 아웃라인을 만들어 어레인지먼트의 바깥선을 강조하는 역할을 한다. • 보는 이의 시선을 어레인지먼트의 중심으로 이끈다.	• 라인 플라워나 매스 플라워의 조화를 돕는다. • 어레인지먼트의 빈 공간을 매우고 꽃과 꽃을 연결하는 역할을 한다. • 전체 이미지를 부드럽게 하며 볼륨감을 높인다.
종류	난, 아이리스, 칼라 백합	카네이션, 마리골드, 장미 수국, 국화, 아네모네 거베라, 마가렛	글라디올러스, 용담 개나리, 금어초, 보리 스토크	안개꽃, 미모사, 소국 레이스플라워

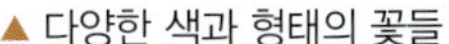
▲ 다양한 색과 형태의 꽃들

▲ 크리스마스를 위한 테이블 플라워 디자인

▲ 로맨틱한 색의 테이블 플라워 디자인

■ 꽃의 질감

꽃이나 식물에서 질감이란 시각적으로 느껴지는 재료의 표면구조를 말하는 것이다. 거친 것, 반짝이는 것, 무딘 것, 굵은 것, 정교한 것, 부드러운 것 등의 느낌이 질감의 차이를 말하는 것인데 이러한 특징들은 보는 것과 실제로 만져보는 것의 차이가 있다. 비슷한 종류의 질감을 사용하기보다 여러 가지 질감을 섞어 사용할 경우 의외의 재미를 주는데 특히 한 가지 색만 사용하거나 색의 변화가 거의 없을 경우 질감의 대비를 통해 리듬감을 나타낼 수 있다. 여러 질감의 사용은 디자인에 흥미를 더하기는 하지만 한 디자인에서 대조적인 질감을 너무 많이 사용할 경우 통일감을 느낄 수 없거나 주제가 모호해질 수 있다.

■ 꽃의 색

꽃 종류만큼 꽃의 색도 다양하며 같은 종류, 한 송이 꽃에도 여러 가지 색이 한번에 존재한다. 다양한 색의 꽃 중에서도 테이블 스타일링에 가장 많이 사용된 색은 음식과 가장 연관이 깊다는 오렌지 계열이다.

하지만 최근 들어서는 자연의 색인 초록색 계열도 많이 사용되고 있으며, 테이블을 꾸미는 목적과 이유에 따라 꽃의 색을 정하기도 한다. 꽃의 색은 테이블 클로스의 색과 식기류의 색 등 전체적인 색의 조화를 고려하여 꽃만 눈에 띄지 않게 악센트로 사용하는 것이 좋다.

● 테이블 플라워 디자인 스타일

■ 둥근형(Round design)

화기의 중심을 기본으로 줄기들이 사방으로 뻗어나간 형태이다. 앞·뒤의 구분 없이 시각적으로 동일한 비중을 가지고 있어 장소에 구애받지 않고 다양한 장소에 놓아둘 수 있다. 둥근형은 자칫 단조로워질 수도 있는데 사용하는 꽃과 확연한 대조를 보이는 잎소재를 선택해 이를 피하도록 한다.

■ 반구형(Dome design)

볼을 반으로 자른 것 같은 형태로 사방에서 볼 수 있게 디자인되어 있기 때문에 따로 포컬 포인트를 가지고 있지 않다. 간결하고 실용적인 디자인으로 어느 장소에나 어울리지만 귀여운 느낌을 살리고자 할 때 특히 어울린다. 낮고 둥근 화기에 장미, 국화, 카네이션, 튤립, 안개, 레이스 플라워 등 매스 플라워와 필러 플라워 종류를 사용하여 연출한다.

■ 수평형(Horizontal design)

테이블 위의 표면과 수평을 이루도록 해 수평을 강조한 디자인으로 안정적이고 편안한 느낌을 준다. 대칭을 이루는 스타일로 부드러운 곡선을 표현하기 쉬운 라인 플라워를 주로 이용한다.

▲ 둥근형의 꽃케이크 디자인

▲ 반구형의 테이블 플라워 디자인

어느 방향에서 보아도 좋기 때문에 부드러운 분위기 연출이 필요한 곳이면 어디에 두어도 좋다.

■ 토피어리형(Topiary design)

가지를 세우고 그 위에 볼 형태로 꽃을 꽂아 완성하는 디자인으로 격식이 필요한 상차림보다는 캐주얼하고 여러 개의 테이블을 이어 붙여 디자인할 때 어울린다. 신선한 꽃이나 잎, 과일은 물론이고 드라이 플라워 소재를 사용해도 괜찮다. 화기도 화기의 재질에 크게 구애받지 않고 어울리는 형태라면 얼마든지 사용 가능하다.

■ 원뿔형(Corn design)

아래쪽은 둥글고 위로 갈수록 가늘어져 피라미드와 비슷한 형태가 된다. 컬러풀한 꽃을 빽빽하게 꽂고 과일이나 야채 등을 함께 이용하기도 한다. 주로 넓은 실내 장식용으로 많이 사용되는 형태로 테이블에서 사용할 경우 낮고 둥근 화기에 꽂아 준다.

▲ 토피어리형의 테이블 플라워 디자인

▲ 수평형의 테이블 플라워 디자인

▲ 원뿔형의 테이블 플라워 디자인

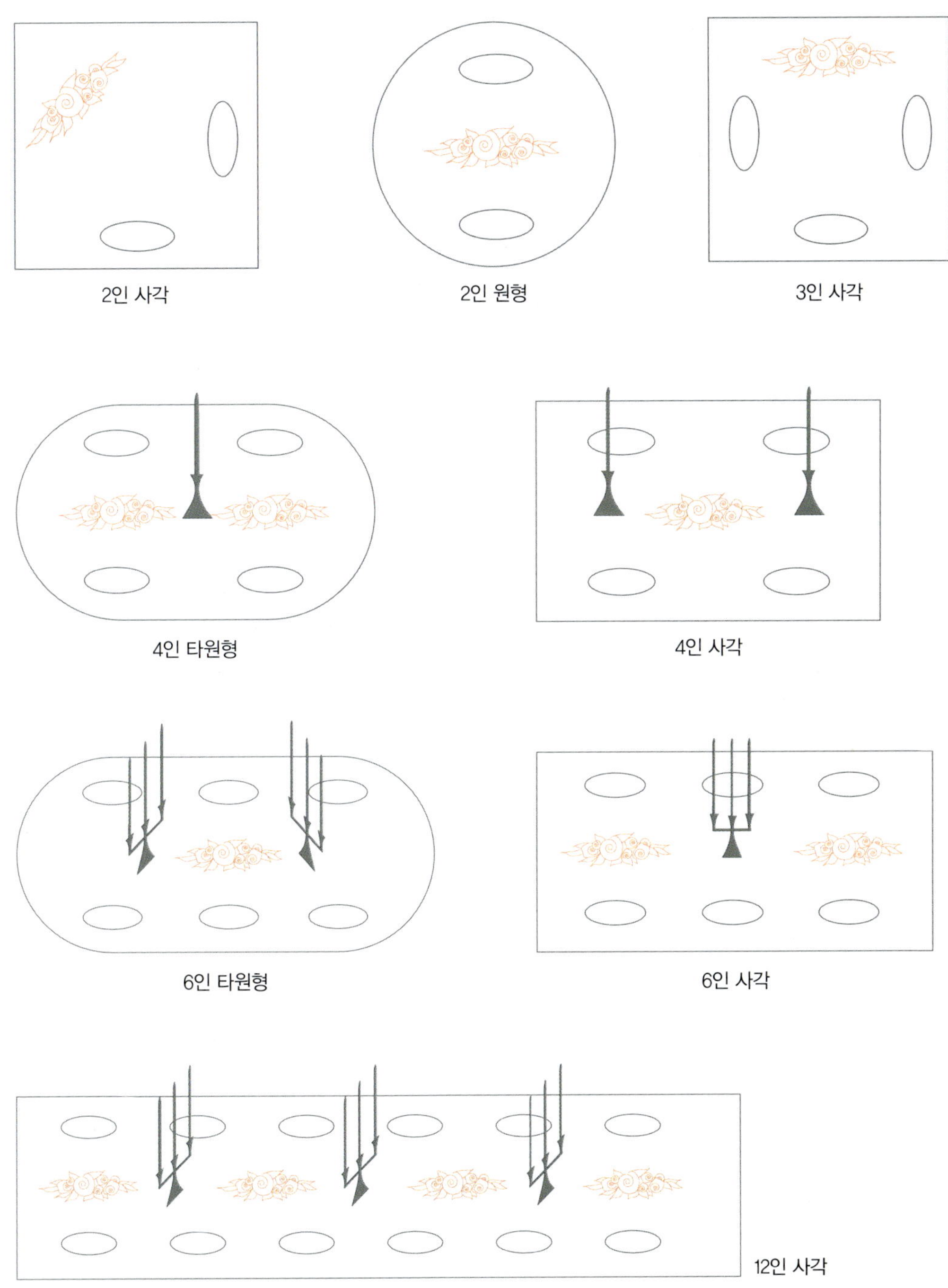

2인 사각
2인 원형
3인 사각
4인 타원형
4인 사각
6인 타원형
6인 사각
12인 사각

02

플라워 디자인과 색채 이미지

플라워 디자인과 색채 이미지

색채 이미지 구성

특정 이미지를 만들어 내는 여러 요소 중 가장 큰 비중을 차지하는 것이 색(色, color)이다. 사람의 눈이 무언가를 보고 그것을 받아들일 때 가장 먼저, 그리고 빠르고 깊게 받아들여 그 잔상이 사람의 지각능력에 오랫동안 영향을 미치는 것 또한 색이다. 어떤 것을 보고 그것의 형태를 받아들일 때는 이성적 반응을 하지만 색을 받아들일 때는 사람의 정서, 즉 감정적인 반응이 일어나기 때문이다. 사람이 행하는 모든 반응이나 행동에서 이성에 의해 유발되는 것이 10%이고 감정에 의해 유발되는 것이 90%라고 봤을 때 사람의 마음을 움직이고 소유 욕구나 구매 의욕을 높이는 가장 큰 요인은 색에 의한 지각력이라고 할 수 있다.

현대를 일컬어 컬러시대라고 할 만큼 색채의 중요성이 부각되고 있다. 특히 처음 받아들여지는 이미지가 중요한 패션, 음식, 꽃 또는 이와 관련한 분야들과 같이 사람의 감성에 호소하여 소비하는 경향이 큰 부분들에서 색이 가지는 의미는 점점 더 커지고 있다. 색은 현재 우리가 이름 붙

▲ 고급스럽고 우아한 분위기의 색 조화

여 사용하고 있는 것 외에도 아주 많은 종류가 존재하고 있으며 끊임없이 새로 만들어지고 있다. 또한 그 다양함만큼이나 각기 다른 감각과 감성을 가지고 있다. 색에 대해 느끼는 어떤 감정들은 개개인이 가진 경험과 자신이 속한 집단에 따라 차이가 있지만 어느 정도는 보편성을 가지고 있는 것이 사실이다. 보통 붉은색에서는 불, 정열, 사랑, 강인함 등의 감정을, 푸른색에서는 물, 시원함, 상쾌함, 젊음 등의 감정을 느끼게 된다. 이처럼 색에서 어떤 감정을 느끼는 것은 심리적인 현상으로 이는 과거의 경험이나 자신이 속해 있는 문화의 특성 또는 학습을 통해 재구성되는 것이다.

어떤 주제와 목적에 따라 테이블을 꾸미고 플라워 디자인을 하는 일에 가장 큰 영향을 미치는 것이 색의 이미지를 어떻게 사용하느냐이다. 색은 실제적인 디자인이

▲ 밝고 상큼한 분위기의 색 조화

나 세세한 스타일을 보기 전에 사람들이 제일 먼저 받아들이는 것으로 축적된 경험과 학습에 의해 어떠한 주제와 어울리는 색의 정보를 머릿속에 저장하고 있다가 그 대상을 봤을 때 자신의 정보와 연결시키게 된다. 예를 들면, 식욕을 돋우는 색은 오렌지색이나 노란색, 프로포즈나 결혼식 같은 사랑스럽고 달콤한 분위기가 필요할 때는 분홍색 계열을, 축하의 의미와 정열적인 마음을 표현하고자 할 때는 붉은색 계열을 주로 사용하게 되는 것이다. 물론 조금 색다르고 개성적인 분위기 연출을 위해 일반적인 생각에서 벗어나는 색을 사용하기도 하지만 그것이 지나칠 경우 오히려 보는 이들로 하여금 반감만 사게 할 뿐이다.

디자인을 이루는 요소는 여러 가지가 있지만 그 중 특히 중요하게 생각해야 할 것이 색채이다. 특히 시각적 자극이 중요한 플라워 디자인의 경우 그 중요성은 더욱 커질 수 밖에 없다. 식물이라는 특성상 꽃은 얼굴, 줄기, 잎으로 이루어지는데 줄기와 잎은 모두 녹색을 띠고 있기 때문에 배색 이미지를 결정할 때 녹색을 염두에 두어야 한다. 또한 꽃은 한 송이의 꽃에서도 다양한 색변화를 감지할 수 있으며 색상환에는 있지만 자연의 꽃에는 거의 존재하지 않는 색도 있어 색채이미지를 만들어 내는 데 한정적일 수도 있다. 일반적으로 이루어지는 꽃 배색에서 느낄 수 있는 이미지는 다음의 표와 같다.

색	이미지	색	이미지
분홍색 계열	로맨틱한 (Romantic) 민감한 (Sensitive) 신부 같은 (Bridal) 여성스러운, 상냥한 (Feminie) 부드러운 (Soft) 축하 (Celebrate)	빨강 보라 계열	천진한 (Childish) 명랑한 (Playful) 쾌활한 (Cheerful) 정력적인 (Energetic) 찬란한 (Sunny) 여름 (Summer)
빨간색 계열	정렬적 (Hot) 대담한 (Bold) 난폭한 (Outrageous) 열렬한 (Tropical) 부활절 (Easter)	노랑 보라 계열	신선한 (Fresh) 싱싱한, 풍부한 (Lush) 진정하는 (Soothing) 선명한 (Vibrant)
노란색 계열	봄 (Spring) 남성의 (Masculine) 동정심 (Sympathy) 당당한 (Regal)	녹색 노랑 계열	봄 (Spring) 싱싱한 (Lush) 생기 있는 (Vitality) 발랄한 (Vivid) 환영하는 (Reception)

▲ 대비와 조화를 이용한 색 사용의 예

색의 속성

● 색상 (Hue)

색을 구성하는 요소에는 색상, 명도, 채도가 있다. 명도나 채도에 관계없이 고유의 빛깔을 나타내는 색상은 1차색인 빨강(R)·파랑(B)·노랑(Y)의 3원색이 기본이다. 이 3원색을 서로 섞어 만든 주황(YR)·초록(G)·보라(P)를 2차색, 그리고 1차색과 인접한 2차색을 섞어 나온 연두(YG)·청록(BG)·남색(PB)·자주(RP)를 3차색으로 구분한다.

구분	색 이름	꽃
1차색	빨강 (Red)	장미, 카네이션, 안스리움, 글라디올러스, 거베라, 다알리아, 과꽃, 맨드라미, 알스트로메리아, 아마릴리스, 라넌큘러스, 튤립, 작약, 아나나스, 포인세치아 등
	노랑 (Yellow)	장미, 국화, 수선화, 아킬레아, 튤립, 미모사, 아카시아, 다알리아, 해바라기, 알스트로메리아, 칼라, 개나리, 프리지아, 나리, 여우머리, 거베라 등
	파랑 (Blue)	델피늄, 아이리스, 히아신스, 수국, 옥시페탈룸, 용담 등
2차색	주황 (Orange)	극락조, 양귀비, 칼라, 꽈리, 홍화, 국화, 까치밥, 거베라, 라넌큘러스, 나리, 다알리아 등
	초록 (Green)	엉겅퀴, 샤므록(국화과), 모루셀라, 불두화, 퍼프리움 등
	보라 (Purple)	팬지, 스토크, 아이리스, 니겔라, 리시안셔스, 아나모네, 락스퍼, 스카비오사, 튤립, 미스티블루, 반다 등

● 명도 (Value)

색의 밝고 어두운 정도를 말하는 명도는 빛의 반사량 정도에 따라 밝고 어두움이 달라지는데 가장 이상적인 고명도의 흰색을 10, 이상적인 저명도의 흑색을 0으로 보고 11단계로 나눈다. 색에 흰색을 섞어 엷은 색(tint)을, 회색을 섞어 톤(ton)을, 검은색으로 음영(shade)을 만드는데, 플라워 디자인에서는 보통 꽃의 65%가 밝은 명도, 25%는 중간, 나머지 10%를 가장 어둡게 표현해야 한다는 것이 일반적인 원칙이다. 포컬 포인트에 명도가 가장 어두운 색을 쓰고 가장자리로 갈수록 밝은 색을 사용한다.

● 채도 (Chroma)

색의 선명도, 즉 색의 강약을 말하는 것이다. 채도가 높을수록 색은 선명하게 보이고 반대로 채

▲ 대비와 조화를 이용한 색 사용의 예

도가 낮을수록 묽게 또는 엷게 보이는데 채도가 가장 높은 색을 순색이라 한다. 색을 섞는 양에 따라 채도는 낮아져 무채색으로 변하게 되는데 채도는 일률적인 것이 아니라 색상에 따라 인접 색과 색에 비춰지는 빛의 색에 따라 느낌이 달라진다.

● 색조 (Tone)

색의 명도와 채도를 합한 개념인 색조는 색의 강하고 약함, 어둡고 밝은 정도를 말하는 것이다. 같은 색이라 해도 밝고 어두운 정도, 즉 명암이 구별되고 색의 강약과 농도 등의 차이를 보이는 데 이러한 차이를 '톤'이라고 보면 된다. 색조의 단계는 보통 아래와 같은 11단계로 구분한다.

▼ 톤과 이미지

이름	약자	형용사	이미지
Vivid	V	선명한	생생함과 주의를 끌기 쉬운 활동적 이미지
Strong	S	강한	비비드 색조보다 약한 건강하고 실용적 이미지
Bright	B	밝은	맑은 느낌의 빛나는 색조로 활기찬 이미지
Pale	P	맑은	사랑스럽고 감미로우며 꿈꾸는 듯한 이미지
Very Pale	Vp	연한	흰색에 순색을 약간 섞은 연한 색조로 부드럽고 달콤한 이미지
Light Gray	Lgr	흐릿한	Vp에 약간의 검정이 섞인 색조. 산뜻하고 얌전하며 정적인 이미지
Light	L	은은한	온화하고 부드러운 이미지
Gray	Gr	탁한	회색톤이 짙은 어두운 이미지
Dull	Dl	차분한	가라앉아 있고 차분한 분위기의 고풍스러운 이미지
Deep	Dp	진한	깊이가 느껴지는 클래식한 이미지
Dark	Dk	어두운	어둡고 차분하여 격조 높은 안정적 분위기의 이미지

▼ 색상 & 색조에 따른 120 색체계

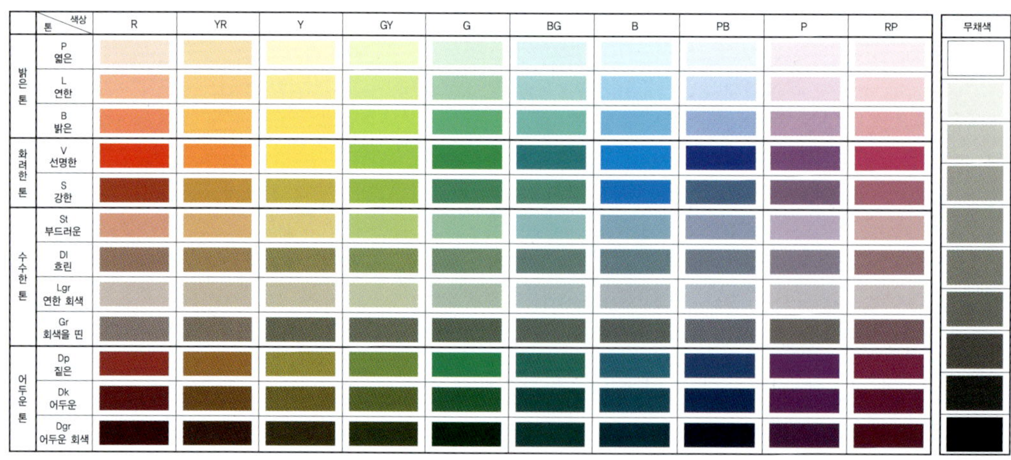

색상별 이미지

● 빨간색 (Red)

매우 강렬한 느낌의 빨간색은 어느 색과 배색해도 자기만의 분명한 색을 드러내기 때문에 강조와 부각의 힘을 가지고 있다. 빨간색은 사람의 식욕을 자극하고 열정적인 사랑을 나타내기도 하며 사람의 기분을 흥분시키는 색으로 사람의 본능적인 면과 관련이 있다. 빨간색의 여러 이미지 중에서 우리나라 사람들이 가장 많이 느끼는 이미지는 따뜻하고 강한 느낌이다. 또 우리나라 사람들은 붉은색 계열의 색 변화에 매우 민감하게 반응할 수 있어 서로 다른 미묘한 차이를 잘 구별해 낼 수 있다. 빨간색과 초록은 보색 관계에 있어 빨간색 꽃을 사용할 때 사이사이 초록 잎을 넣어주면 빨간색 꽃을 더욱 강조할 수 있다.

● 분홍색 (Pink)

애정을 강조하는 색으로 로맨틱하고 달콤한 이미지를 가지고 있어 결혼식 같은 로맨틱이 어울리는 자리에 가장 잘 맞는 색이다. 사랑스럽고 여성적인 느낌의 분홍색은 빨간색과 흰색이 섞인 색으로 꽃의 색 중 많은 수를 차지하고 있다. 때문에 다른 색의 꽃들과 무난하게 잘 어울릴 수 있으며 대조되는 색과 함께 사용하면 더욱 강조할 수 있다.

● 주황색 (Orange)

색상환에서 빨간색와 노란색 사이에 있는 색으로 빨간색의 흥분과 열정, 노란색의 밝고 따뜻한 이미지를 모두 가지고 있다. 주황색은 활기차고 즐거운 인상을 줄뿐 아니라 사람에게 긍정적인 기분을 느끼게 하여 이벤트에서 효과적인 색이다. 빨간색과 마찬가지로 식감과 민감한 관련을 맺고 있지만 어디서나 눈에 띄고 흔히 사용되는 색으로 고급스럽고 세련된 이미지와는 거리가 있다. 주황색과 보색 관계인 파란색을 밝은 색과 어두운 색을 적절히 섞어

이용하면 생기발랄하고 활기 넘치는 디자인을 만들어 낼 수 있다.

● 노란색 (Yellow)

여러 가지 색상 중 가장 밝게 느껴지는 색인 노란색은 일반적으로 따뜻하고 싱그러우며 명랑한 느낌을 준다. 동양에서는 왕실, 불교와 관련된 색으로 신성함을 상징하지만 서양에서는 비겁과 편견을 상징하는 부정적 이미지로 사용되는 경우가 많다. 명도가 높은 노란색은 주목성이 아주 높아 어린이와 관련되거나 안전을 위한 곳에 주로 사용한다. 노란색은 빛을 강하게 반사하는 성질을 가지고 있어 생명력과 함께 디자인 사이에서 주목성을 높일 수 있다. 노란색과 보색 관계에 있는 보라색을 적절히 섞어 사용하면 봄의 이미지를 한껏 높일 수 있는 디자인을 만들어 낼 수 있다.

● 파란색 (Blue)

바다와 하늘의 시원함과 상쾌함, 맑은 이미지를 느끼게 하는 파란색은 젊음을 상징하며 차가운 느낌으로 이지적이고 세련되며 신뢰감을 주는 색이다. 초록색과 함께 자연을 상징하는 색이지만 실제적으로 자연에서 파란색이 자주 눈에 띄는 것은 아니다. 더군다나 식욕을 떨어뜨리는 힘을 가지고 있어 테이블 스타일링 시 신중하게 사용해야 한다. 자연적으로 파란색을 가진 꽃은 그다지 많지 않은데 어둡고 깊은 색을 지닌 파란색 꽃은 심리적으로 우울감과 어두움을 느끼게 할 수 있으므로 주의해서 사용해야 한다. 하지만 후퇴하는 느낌의 파란색은 꽃을 꽂을 때 뒷부분에 사용하면 공간감의 깊이를 한층 더 느낄 수 있게 한다.

● 보라색 (Purple)

빨간색과 파란색을 섞어 만들어지는 보라색은 극단적인 두 색이 섞인 만큼 복합적이고 신비로운 이미지를 준다.

보라색은 소재, 배색, 조명과 배경, 빨간색과 파란색의 함
유도에 따라 차갑고 모던한 이미지에서부터 고전적이고
우아하며 따뜻한 이미지까지 연출이 가능하다. 보라색에
대한 선호도는 극과 극으로 나누어지며 일상생활에서 쉽
게 볼 수 있는 색이 아니기 때문에 더욱 신비롭고 환상적
인 느낌을 줄 수 있다. 테이블 스타일링이나 꽃을 꽂을 때
채도가 높은 보라색은 화려하고 격조 높은 이미지를 주며
옅은 보라색은 우아한 느낌으로 연출할 수 있다.

● 초록색 (Green)

자연의 색인 초록색은 마음을 가라앉히고 안정감을 주는
색이다. 자연, 생명력, 상쾌함을 느끼게 하는 초록색은 봄
을 지배하는 색으로 젊음을 상징하기도 한다. 초록색은 흰
색, 파란색과 더불어 세계 어디에서나 긍정적이고 무난하
게 받아들여지는 색으로 과학과 문명이 발전하고 복잡한
도시에서의 생활이 늘어날수록 사람들은 자연에의 갈망이
커지고 자연을 상징하는 색인 초록색에 더욱 친근함을 느
끼게 된다. 초록색은 플라워 디자인에 소용되는 꽃과 소재
에 반드시 들어가 있는 색으로 플라워 디자인 배색에 있어
모든 경우에 조화롭게 사용할 수 있다.

● 흰색 (White)

우리나라 사람들은 원색 계열의 강렬한 색을 쓰는 데 망
설임이 많은 편이다. 때문에 특별한 색감이 없는 흰색 계
열을 주변 배경색으로 주로 쓰게 된다. 또한 흰색은 색상
을 가지고 있지 않으므로 다른 어떤 색들과도 잘 어울리며
다른 색을 돋보이게 해주는 역할을 하기도 한다. 그래서
테이블 스타일링이나 플라워 디자인을 할 때 흰색을 기본
배경색으로 정해놓고 다른 색을 섞어서 포인트를 주거나
어떤 색채 이미지를 만들어낸다. 흰색은 매우 단순하고 특
별한 느낌을 주는 색은 아니지만 감각적이고 우아한 분위
기를 낼 수 있다.

색의 계절감

색은 계절과 함께 특정한 날과 밀접한 관계를 가지고 있다. 봄·여름·가을·겨울의 느낌과 감정을 가장 확실하게 보여 줄 수 있는 것은 그에 맞는 색을 알맞게 사용했을 때이다.

색의 연상은 개인의 경험이나 취향, 그가 속해있는 문화, 직업 등에 따라 다르게 받아들여지지만 누구나 보편적으로 느끼는 이미지가 있다. 특히 계절과 색은 불가분의 밀접한 관계를 가지고 있다. 봄에는 새싹과 생명력을 연상시키는 연두색을, 여름에는 흰색·파란색 등 시원하고 차가운 느낌의 색들이 많이 쓰이며, 황금 들판과 낙엽이 연상되는 가을에는 빨간색이나 주황색 계열과 갈색을, 겨울에는 흰색·회색·검은색과 같이 차갑고 쓸쓸한 느낌의 무채색 계열의 색들을 쓰게 된다.

▼ 계절과 이미지 배색

계절	이미지 색상	이미지 대상	이미지 언어
봄	노란색, 연두색, 핑크색	하늘, 나뭇잎, 꽃, 따스한 햇빛	부드러움, 순수, 평온
여름	파란색, 빨간색, 스카이 블루	태양, 바다, 덜 익은 열매	시원, 청량, 신선, 바다, 정열
가을	주황색, 갈색, 황토색, 베이지색	선명한 하늘, 나뭇잎, 성숙한 열매	고독함, 결실, 우아함
겨울	흰색, 검은색, 회색	칙칙한 하늘, 눈	차가움, 딱딱함, 추위, 쌀쌀함

▲ 계절감이 느껴지는 이미지 배색

봄 | 밝고 유연하고 융화적인 느낌의 배색

가을 | 맑고 풍성한 결실의 느낌을 주는 배색

겨울 | 무채색의 흰색을 사용한 차가운 느낌의 배색

여름 | 대비가 강하여 시원한 느낌의 색조 배색

▲ 계절별 이미지 배색

● 생활 배색

배색 조화란 두 개 이상의 색을 배색하여 만드는 것으로 기본 패턴 4가지만 잘 숙지하고 있으면 된다. 첫 번째 명도차를 이용한 것, 두 번째 색상차를 이용한 것, 세 번째 채도차를 이용한 것, 네 번째 톤 차이를 이용한 것이다. 여기에 유사색·인접색·보색·분리색 등에 의한 배색 조화를 고려하면 원하는 이미지의 연출이 가능하다.

■ 동일한 배색

단일 색상에서 명도, 채도를 다르게 한 톤의 일부나 전부로 배색하는 것으로 생활 속에서 쉽게 접할 수 있는 배색 방법이다. 톤의 차이에서 오는 미묘한 차이로 안정적이며 다양한 이미지로 배색이 가능하다.

■ 악센트 배색

단조로운 흐름의 배색에 대조색을 넣어 강조하는 방법이다. 색상, 명도, 채도, 톤의 각각이 대조적으로 조화를 이루어 선명하고 강렬한 이미지로의 연출이 가능하다.

▲ 동일색 배색 이미지

▲ 악센트 배색 이미지

연속되는 세 가지 색상이나 그 색의 색조와 명암을 사용한 배색 방법으로 무난한 배색 방법이다. 하지만 동일색 배색보다 색상 선택의 폭이 넓어졌기 때문에 조화를 이루면서도 변화있는 아름다움을 추구할 수 있다.

동일색이나 유사색 내에서 톤의 명도차를 크게 둔 배색 방법이다. 동일색에서 명도차만 달리해도 눈의 피로감을 줄일 수 있으며 전체적으로 안정적이고 편안한 느낌을 준다.

▲ 유사색 배색 이미지

▲ 톤온톤 배색 이미지

▲ 클래식 이미지

▲ 엘레강스 이미지

▲ 모던 이미지

● 배색 이미지

■ 클래식(Classic)

밝은 톤보다는 전체적으로 어두운 톤의 와인 골드, 다크 그린, 다크 블루, 골드, 실버 등의 색으로 연출할 수 있다. 클래식은 오랜 세월 이어져 내려오는 익숙함과 권위 등을 상징하는 것으로 원숙미와 함께 고상하고 차분하고 깊이 있는 이미지를 보여준다.

■ 엘레강스(Elegance)

세련되고 고급스러운 느낌의 엘레강스 배색은 그레이시한 색과 중명도의 무채색으로 나타낼 수 있다. 화이트를 기본으로 부드러운 색조의 파스텔 컬러나 퍼플, 와인 베이지 브라운 계열로 연출이 가능한데 여성스럽고 밝은 분위기로 웨딩 이미지 연출에 특히 잘 어울린다.

■ 모던(Modern)

흰색이나 검은색의 모노톤의 배색이 주를 이루는 모던 스타일은 도회적이고 세련된 느낌이 강해 파티에 잘 어울리는 배색 조화이다. 모던한 스타일은 색의 사용을 최대한 절제하는 것이 좋은데 경우에 따라 한두 가지 색으로 포인트를 주기도 한다.

▲ 캐주얼 배색 이미지

▲ 에스닉 이미지

▲ 내추럴 이미지

■ 캐주얼(Casual)

경쾌하고 밝고 자유로운 이미지의 캐주얼한 배색은 라이트, 비비드, 페일 톤의 선명하고 화려한 색상을 주로 사용한다. 특별한 규제 없이 자유로운 분위기로 연출 가능한 캐주얼 스타일은 점심이나 브런치 테이블, 어린이나 젊은 연인들을 위한 상차림에서 연출하면 어울린다.

■ 에스닉(Ethnic)

몇 년 전부터 유행하고 있는 스타일로 어느 지역을 기준으로 하느냐에 따라 조금씩 달라지긴 하지만 내추럴한 색이나 짙은 나무색, 오렌지색 등을 주로 사용한다. 큰 잎이나 나무 소재 등 자연 소재를 많이 사용하며 비교적 과감한 색상을 사용하면 더욱 효과적이다.

■ 내추럴(Natural)

나무, 숲, 흙 등 자연에서 얻어지는 색이 주를 이루는 내추럴한 배색은 대비가 비교적 적은 차분한 느낌의 배색으로 온화하며 소박한 이미지를 준다. 소프트한 중채도의 노랑, 연두, 초록, 갈색의 유사 색상 배색이 많으며 파란색 계열을 더하여 환경 친화적인 분위기를 내거나 보라색 계열로 톤을 맞추어 사용해 악센트를 살릴 수도 있다.

테이블 플라워 연출 1

– 꽃과 요리가 함께하는 테이블

로맨틱한 분위기의 식탁

flower materials
튤립, 수국, 히아신스, 라넌큘러스, 엽란

styling
전체적인 컬러로 바이올렛과 화이트를 사용하고 라벤더 컬러로 연결감을 주어 파스텔톤으로 연출하였다. 내려뜨린 시폰 천이 로맨틱한 분위기를 더해준다. 유리그릇에 꽃을 디자인하고 샴페인병과 케이크 위에 꽃으로 꾸며 꽃과 음식이 함께 어우러질 수 있도록 하였다.

technique
특별한 기법으로 꽂기보다 꽃의 색감과 형태가 돋보이도록 하였다. 01, 02 수국과 라넌큘러스는 비더마이어 형식으로 촘촘하고 둥글게 꽂아 색이 돋보이도록 한다. 03 유리화기에 엽란을 둘러 주고 플로랄 폼을 세팅한 후 중심에서 바깥쪽으로 퍼지게 튤립을 꽂고 수국을 짧게 꽂아 메인 위치에 둔다. 히아신스는 짧게 잘라 한 개씩 초컵에 꽂거나 꽃잎만 따서 와인 잔에 띄운다.

cooking

샐러드를 곁들인 그릴드 폭찹
오징어먹물 파스타
새우또르띠야말이
미니버거
떡
초코 케이크

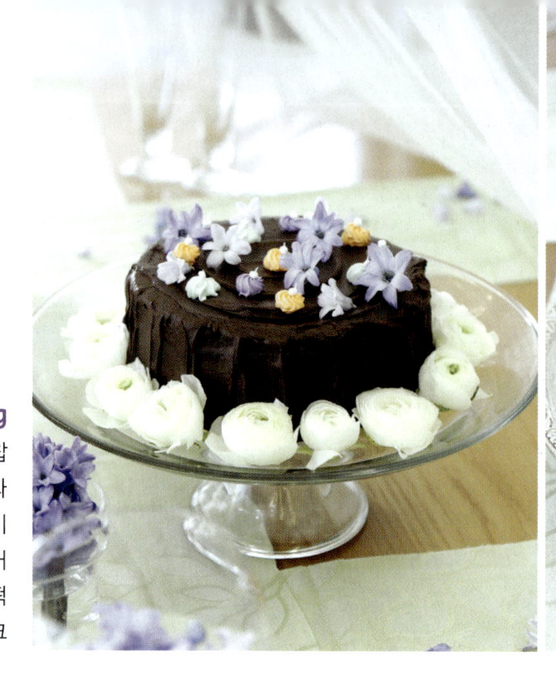

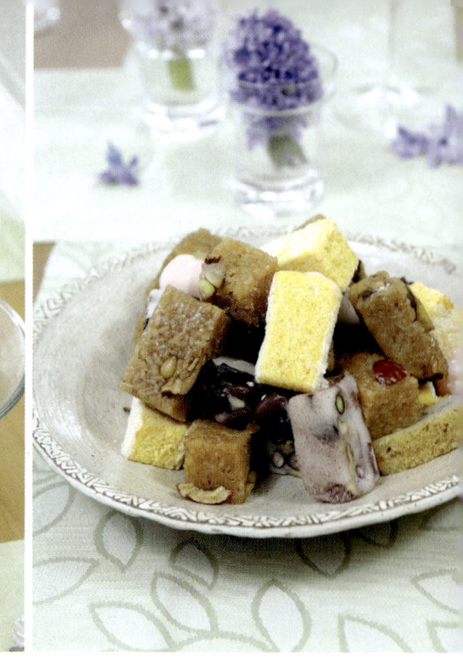

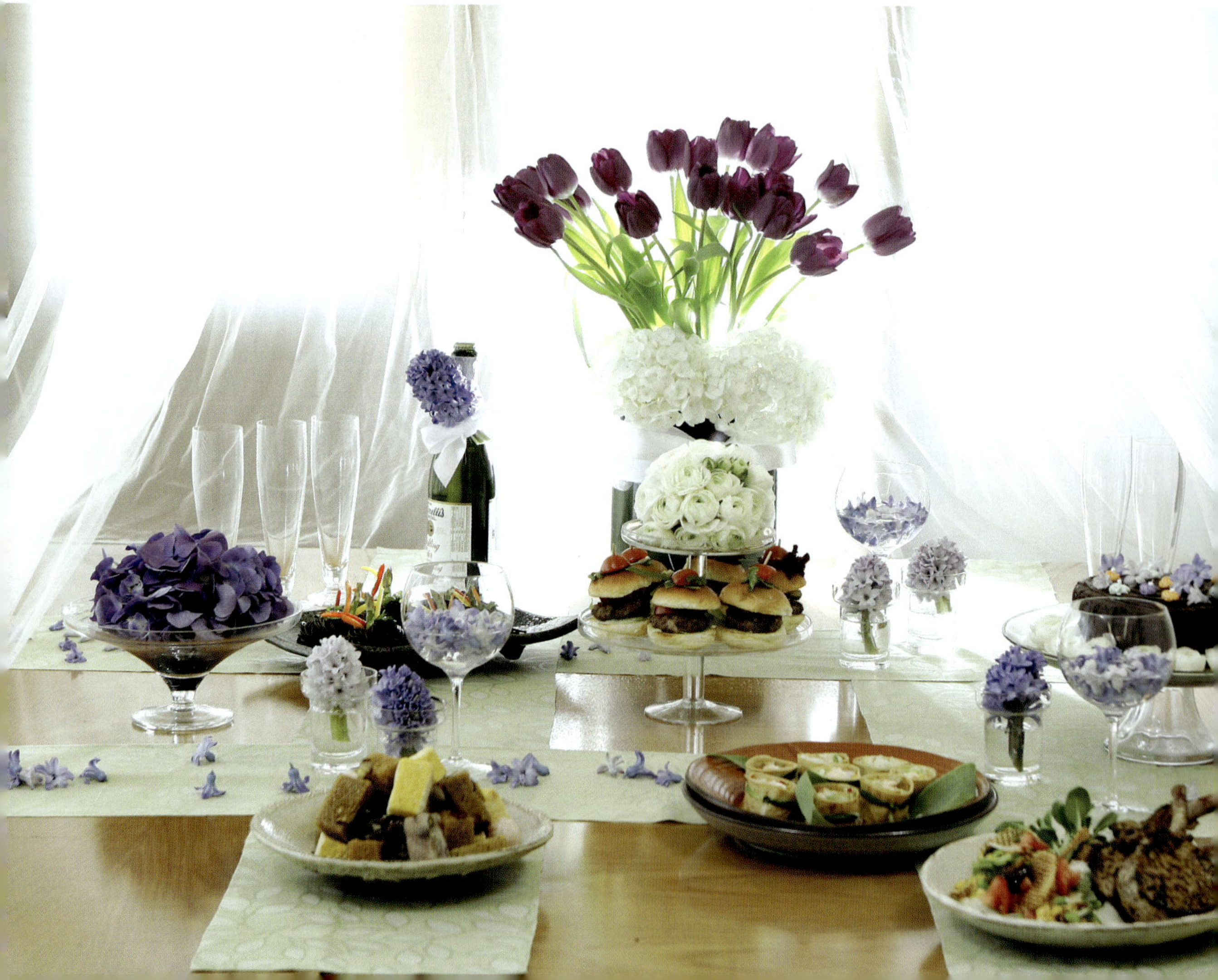

오징어먹물 파스타

재료 오징어먹물 면, 햄, 피망, 아스파라거스, 바질, 치커리

만들기 ① 면은 뜨거운 물에서 충분하게 익혀놓는다. ② 햄, 피망은 채썰어두고, 아스파라거스는 껍질을 벗겨 소금물에 삶아둔다. ③ 바질과 치커리는 얇게 썰어둔다. ④ 준비한 면과 야채와 토마토소스를 골고루 섞은 후 예쁘게 담아낸다.

새우또르띠야말이

재료 참새우, 아보카도, 양상추, 코리엔더, 피망, 또르띠야, 싸우전드 드레싱, 실파

만들기 ① 또르띠야는 팬에 구워두고 새우는 기름에 살짝 볶아둔다. ② 양상추, 코리엔더, 아보카도, 피망은 씻어 채썰어둔다. ③ 또르띠야에 새우 볶은 것과 준비한 재료들을 넣고 싸우전드 드레싱을 살짝 뿌려준 후 돌돌 말아준다. ④ 데친 실파로 묶어 고정하고 반으로 잘라낸다.

cooking

먹는 방법이 까다롭거나 격식을
차려야 하는 메뉴보다 모임의 성
격을 살려 가볍게 먹을 수 있는 핑
거 푸드 위주로 구성하였다.

차이니즈 덤블링, 엔다이브와 새
우, 오이 연어롤, 샴페인

01

02

좋은 이들과 함께하는 즐거운 주말

flower materials
난, 리시안셔스, 국화, 맨드라미, 장미, 마가목 열매

styling
가벼운 주류를 곁들인 편안한 분위기의 자리인 만큼 클래식하고 무거운 분위기의 스타일보다 캐주얼하고 가벼운 느낌으로 연출하는 것이 좋다. 원색과 기하학적 문양으로 디자인된 테이블 클로스를 깔아 캐주얼한 분위기를 연출하였기 때문에 꽃은 한두 가지 소재로 심플하게 연출하였다. 전체적으로 가을의 주조색인 레드오렌지와 옐로오렌지를 바탕으로 유사색의 조화를 보여주는 스타일링으로 테이블 클로스와 요리, 꽃의 컬러가 서로 어울리도록 하여 통일감을 주었다.

technique
01, 02 같은 모양의 화기에 각각 한두 가지의 꽃을 낮고 촘촘하게 비더마이어 형식으로 꽂는다. 동일한 테크닉을 사용하면 지루함을 줄 수 있으므로 꽃의 종류를 달리하여 변화를 주도록 한다.

축하의 마음을 전하는 날

flower materials

카네이션, 수선화, 라넌큘러스, 반다, 아스파라거스

styling

전체적인 컬러를 노란색, 주황색, 연두색의 세 가지 색의 유사색 조화에 반다의 보라색으로 포인트를 주어 연출하였다. 테이블을 벽에 붙였으므로 꽃도 벽 쪽으로 두고 음식을 낮게 배치하여 음식을 편안하게 가져갈 수 있도록 하였다. 테이블 앞쪽에 포크와 숟가락을 컵에 꽂아두고 냅킨은 접어놓는다. 반대편에는 와인잔과 음료수잔, 와인, 음식을 덜어 먹을 수 있는 접시를 올려둔다.

technique

01 케이크 모양으로 꽃을 꽂을 때는 플로랄 폼을 사각으로 잘라 겹친 다음 고정시킨 후 꽂기 시작한다. 꽃 케이크는 다른 꽃과 음식들과의 조화를 고려하여 여러 가지 꽃을 쓰기보다 한 종류의 꽃을 2~3가지 색으로 선택해 가급적 심플하게 꽂는 것이 좋다. 02, 03 수선화와 라넌큘러스는 유리화기에 꽃의 형태를 살려 자연스럽게 꽂고 테이블과 벽의 경계선에 아스파라거스를 둘러준다.

cooking
토마토 카프레쎄
허브 크러스트 램 찹
라타톨리 야채
게살과 엔다이브롤
감자 샐러드
케이크

토마토 카프레쎄

재료 토마토, 모차렐라 치즈, 바질, 앤초비, 올리브오일, 발사믹 식초, 소금, 후추

만들기 ① 토마토는 흐르는 물에 깨끗하게 씻어 둥근 모양을 살려 썬다. ② 토마토 크기와 비슷하게 모차렐라 치즈를 썰어 놓고, 앤초비는 곱게 다지고, 바질은 적당한 크기로 잘라 놓는다. ③ 다진 앤초비에 올리브 오일과 발사믹 식초, 소금과 후추를 넣어 섞는다. ④ 토마토 위에 치즈를 올리고 ③의 소스를 뿌린 다음 바질을 올린 후 토마토를 한 층 더 얹어 샌드 모양으로 만든다.

게살과 엔다이브롤

재료 킹크랩 살, 엔다이브, 양파, 실파, 마요네즈, 사워크림, 레몬주스, 설탕, 소금, 후추

만들기 ① 게는 삶아 살만 발라 놓고, 엔다이브는 흐르는 물에 깨끗하게 씻어 찢어 놓는다. ② 양파는 잘게 다져두고 실파는 살짝 데친다. ③ 준비한 게살과 다진 양파에 분량의 양념과 향신료를 넣고 골고루 섞어준다. ④ 적당량을 덜어 엔다이브로 감싸고 실파로 묶어 고정한다.

친구들과 함께하는 유쾌한 저녁

flower materials
맨드라미, 리시안셔스, 낙상홍, 장미, 아란다

styling
어떤 목적을 가진 거창한 자리가 아닌 친구들과 어울리기 위한 가벼운 분위기의 자리일 경우엔 전체적인 테이블 연출 역시 무겁지 않게 하는 것이 좋다. 식물과 선모양의 테이블보를 깔고, 주변에서 흔히 볼 수 있는 물컵에 꽃을 꽂고, 개인 접시에 꽃잎을 따서 올려 주었다.

technique
특별한 기교로 꽃을 꽂기보다 색의 어울림에 중점을 두고 연출하였다. 주황색, 노란색, 미색이 어우러지는 유사색의 조화로 그라데이션을 통한 자연스러운 조화에 중점을 두었다. 열매와 잎을 메인 요리에도 장식해 전체적인 연결감을 만들어 보았다.

cooking

와인을 곁들인 가벼운 식사를 할 수 있도록 핑거푸드 위주의 메뉴로 구성하였다. 치킨꼬치와 볶음밥, 샌드위치 쿠키는 테이블 중앙에 두고 과일 샐러드는 각자 먹을 수 있도록 개인 접시에 따로 준비하였다.

치킨꼬치와 볶음밥, 조각샌드위치, 쿠키, 과일샐러드

마당에서 즐기는 가벼운 식사

flower materials

대국도, 화초 토마토, 들국화

styling

늦여름 바람결에 제법 시원한 기운이 느껴질 때는 마당 한 쪽에 상을 차리는 것도 즐거운 식사 시간을 위한 한 방법이다. 러너 대신 대국도를 깔고 그 위에 반찬 접시를 올렸다. 테이블 역시 따로 준비하기보다 마당 한 켠에 있는 편평한 돌을 이용해 주었다. 인위적인 요소를 가미하기보다 주변 자연과 마치 하나인 듯 어울릴 수 있도록 하였다.

technique

01 들국화를 자연스럽게 잡아 묶어 빈 물컵에 꽂아주었다. 02 화초 토마토는 빈 접시에 들국화 꽃송이와 함께 고정하거나 대국도 주변에 자연스럽게 놓아두었다.

cooking

가벼운 양념을 하여 뭉친 주먹밥에 시원한 냉국, 묵무침, 전과 삶은 고기 등 기름지지 않고 먹었을 때 부담이 덜한 한식 상차림이다.

흑미 주먹밥, 삶은 돼지고기, 청포묵, 오이냉국, 표고버섯전, 애호박전, 명태전, 김치전

늦여름 야외에서 즐기는 술자리

수박가지, 수국, 셀렘잎, 당귀꽃, 아게라텀, 국화

대리석 판을 이용해 테이블을 만들고 테이블의 색과 어울리는 러너를 깔아준다. 러너 가장
자리에 수박가지를 자연스럽게 놓고 가운데 메인 요리를 중심으로 다른 요리들을 세팅한
다. 메인 요리인 파전을 접시에 그냥 올리기만 할 것이 아니라 셀렘잎을 깔고 그 위에 올려
멋과 흥취를 더해준다.

부담 없는 분위기의 자리인만큼 꽃 장식 역시 편안한 분위기로 연출하도록 한다. 수박가지
를 테이블의 길이에 맞게 잘라 엮어 러너 양쪽 가장자리에 놓고 오목한 공기에 물을 채워
소국 꽃과 잎을 따서 띄워준다. 물 올림을 충분히 한 수국을 조금씩 잘라 아게라텀과 함께
앞 접시에 놓는다.

여름날 즐기는 술자리의 안줏거리의 음식 간은 가급적 강하지 않게 해서 부담을 줄이도록 한다.

해물버섯파전, 도토리묵, 해파리냉채, 잡채

어른을 위한 별식 차림

flower materials
조리풀, 팔손이, 호접난

styling
어른을 위한 자리인 만큼 자연친화적인 소재와 색을 사용하여 테이블을 연출하였다. 자연
소재로 엮은 매트를 러너로 활용하였으며 우리 산야 어디에서든 볼 수 있는 조리풀을 수저
받침과 테이블 장식에 사용하였고, 식기류는 옹기로 선택하여 친근감과 편안함을 주었다.
화려한 장식을 하기보다 조리풀과 팔손이, 호접란의 꽃으로 정갈하고 깨끗한 느낌을 주는
데 중점을 두었다.

technique
조리풀을 아래 위 두 군데를 밴딩 처리하여 수저받침과 테이블 데코레이션 용도로 사용하
였다. 팔손이 잎은 줄기 부분을 바짝 잘라내어 밥공기와 육회에 장식하였고 호접란 꽃은
떼어내어 자칫 어두워질 수도 있는 상차림에 밝은 색 포인트를 주었다.

강한 향미의 음식보다는 영양소
가 골고루 포함되어 있으며 새
콤하고 담백한 맛 위주의 식단
으로 구성하였다.

흑미 잡곡밥, 된장찌개, 맑은장국,
육회, 두릅 회, 데친 버섯, 소라초
무침, 젓갈

젠 스타일로 꾸민 동남아식 요리 상차림

flower materials

용담초, 네프로네피스, 장미, 호엽란

styling

특별한 기교 없이 전체 색감과 꾸밈 방법에 따라 원하는 분위기로 연출 가능한 것이 테이블 스타일링의 장점이다. 정결하고 고요한 느낌, 절제된 여백의 미를 보여주는 젠(Zen) 스타일 의 연출을 위해 전체적인 색을 푸른색과 흰색으로 꾸몄다. 꽃 장식도 러너 가장자리에 네프 로네피스를 자연스럽게 늘어뜨리고 사이사이 투명한 유리화기에 용담초와 장미를 꽂아 깔끔 하면서 세련된 분위기를 연출하였다.

technique

01 테이블 중심에 그리 깊지 않은 화기에 물을 채우고 호엽란을 몇 겹으로 둘러준다. 용담 초 꽃만 따로 떼어내고 올린 다음 장미 꽃잎을 따서 레이어링으로 한 장씩 포갠다. 02 그 외 에 테이블 중간에 용담초와 장미의 줄기를 조금만 남기고 잘라내어 투명컵에 담가 놓는다.

cooking

최근 각광받고 있는 동남아 요리
는 짧고 간단한 조리법을 가지고
있어 소스 몇 가지만 갖추고 있
으면 집에서도 즐길 수 있다.

쌀국수, 해산물 샐러드, 스프링 롤

01

02

연인들을 위한 캐주얼한 상차림

cooking

담백하고 깔끔한 맛을 선호하는 사람들을 위해 아시아식 요리들로 구성하였다. 무겁지 않고 개운한 맛으로 최근 외식 메뉴로도 각광받고 있다.

해물 쌀국수, 볶음 쌀국수, 샐러드, 스프링 롤

flower materials

수국, 팔손이, 덴파레

styling

전체적으로 갈색과 연두색, 흰색이 어우러진 공간으로 한쪽 벽에는 나비 장식이 있고, 나뭇결이 살아 있는 테이블과 연둣빛 의자가 어울리는 공간이다. 전체 색감과 분위기를 고려하여 작은 화기를 두 가지 색으로 준비하였다. 노란색 화기에는 색상환에서 인접색인 연두색 수국을 꽂고, 연두색 화기에는 덴파레 꽃을 따서 물에 띄워준다. 이렇듯 테이블을 꾸미는 데 있어 중요한 것 중 하나는 전체적인 어울림이다. 테이블이 놓인 공간, 주변 요소 등에 따라 그 모양새를 달리할 줄 알아야 한다.

technique

01, 02, 03 연두색과 노란색의 작은 화기에 수국 꽃과 덴파레 꽃만 따서 올려 주었다. 이렇게 꽃 얼굴 부분만 따로 떼어내 사용할 때는 꽃을 미리 물에 충분히 담갔다 사용해야 한다. 사전에 물올림이 잘 되지 않은 꽃은 얼굴 부분만 떼어내 사용할 경우 그다지 싱싱하지 않거나 빨리 시들어 버릴 수 있으므로 주의를 요한다.

01

미국식 추수감사절 테이블 스타일링

flower materials

아로니에, 메리골드, 핀쿠션, 청미래덩굴, 덴드롱, 리시안셔스, 맨드라미

styling

추수감사절은 가을걷이를 끝낸 후 그 해의 수확을 감사하고 기념하는 축제이다. 서양에서 크리스마스 다음으로 큰 명절로 알려진 이날엔 가족이 모여 칠면조 요리를 먹으며 그 해의 결실을 감사한다. 가족 간의 식사와 대화에 방해가 되지 않도록 칠면조와 센터피스를 나란히 놓아 어울리도록 연출하였다. 전체적으로 오렌지와 노란색을 중심으로 빨간색을 포인트로 사용하여 늦가을의 정취가 느껴지도록 하였다. 풍성한 스타일의 라운드 디자인의 꽃 장식은 전체 분위기를 더욱 풍요롭게 해주며 냅킨에 놓인 열매 장식은 센터피스와 연결감을 준다.

technique

01 언(Urn)화기에 꽃을 꽂을 때는 완성된 형태가 원형이 되도록 꽂는 것이 중요하다. 아로니에를 먼저 꽂고 메리골드를 꽂아 형태를 완성하고 장미를 다른 소재들보다 높이 꽂아 풍성해 보이도록 한다. 02, 03 이블 센터피스는 빽빽하고 촘촘하게 꽂아 깨끗하고 깔끔하게 연출하여 다른 사람과의 시선 맞춤이나 식사에 방해가 되지 않도록 한다.

각 나라마다 한 해의 농사를 마무리 짓고 그 해의 수확을 감사하는 의미의 기념일이 있다. 어느 나라를 막론하고 이때에는 흩어진 가족들이 모이고 그 해의 수확에 감사를 드리며 햇곡식으로 음식을 만들어 나눠먹는 풍습을 가지고 있다. 미국의 추수감사절은 17세기 신대륙을 찾아나선 유럽인들에 의해 생겨났으며 사냥을 나갔던 사람들이 칠면조를 잡아와 먹기 시작한 데서 추수감사절의 대표 음식인 칠면조 요리가 유래되었다.

cooking

터키 스터핑 (칠면조 요리), 볶은 야채, 꽃양배추, 단호박 매쉬, 치즈 케이크

볶은 야채

재료 고구마, 당근, 양파, 파슬리, 타임, 마조람, 올리브 오일, 발사믹 식초, 레몬 주스, 소금, 후추, 설탕

만들기 ① 손질한 야채들을 한 입 크기로 썰어 준비한다. ② 고구마와 당근은 삶아서 식히고, 양파, 파슬리, 타임, 마조람은 다져둔다. ③ 팬에 올리브 오일을 두르고 ②의 재료들을 넣어 볶는다. ④ 소금, 후추로 간을 하고 발사믹 식초와 레몬 주스를 살짝 뿌려 맛을 낸다.

터키 스터핑

재료 칠면조, 양파, 셀러리, 사과, 타임, 세이지, 소금, 후추, 오일, 버터

만들기 ① 잘 다듬은 칠면조에 소금, 후추로 간을 한 후 오일과 허브 오일을 발라 8시간 정도 재워둔다. ② 양파, 셀러리, 사과는 사각형으로 썰고, 타임과 세이지는 거칠게 다진다. ③ 준비한 야채와 허브를 함께 볶은 후 칠면조 배 속을 채워준다. ④ 내용물이 나오지 않도록 칠면조 다리는 잘 여며 묶은 후 버터를 발라 오븐에서 구워낸다.

소스 크랜베리, 양파, 버터, 로즈마리, 타임, 오렌지 주스
① 준비한 허브류를 잘 싸서 묶는다. ② 다진 양파와 버터를 볶다가 허브와 오렌지 주스를 넣고 졸이다가 양파 즙을 넣는다. ③ 크랜베리 소스는 따로 냄비에 넣고 끓여준다.

다함께 즐기는 크리스마스

flower materials

카네이션, 장미, 포인세티아, 청미래 덩굴, 열매 리스

styling

전체 색감을 붉은색으로 통일해 크리스마스 분위기를 연출하였다. 한쪽은 조금 높게 하여 냅킨과 접시, 포크, 쿠키류를 놓았고, 앞쪽 큰 테이블에는 요리를 중심으로 자유롭게 놓으면서도 꽃과 음식들의 높낮이에 변화를 주어 테이블이 한눈에 다 들어올 수 있도록 하였다. 또 테이블 사이사이 작은 초를 놓아 따뜻하고 포근한 분위기는 물론 음식의 냄새까지 제거하는 1석2조의 효과를 얻을 수 있다.

technique

01, 02 포인세치아를 포트 채 화기에 넣어 테이블에 놓거나 짙은 빨간색의 카네이션과 장미를 화기의 폭에 맞춰 반구의 형태가 나오도록 낮고 촘촘하게 꽂아준다. 반구의 형태로 꽃을 꽂을 때는 플로랄 폼은 화기 조금 위로 세팅하고 꽃은 깊게 꽂아야 한다.

크로스티니 (스파이시 새우, 토마토, 바질)

재료 바게트, 새우, 토마토, 바질, 마요네즈, 발사믹 식초, 적양파, 파슬리, 후추, 올리브 오일, 레몬 주스, 소금, 마늘

만들기 ① 빵은 앞, 뒤로 색이 나도록 구운 다음 마요네즈를 발라둔다. ② 팬에 오일을 두르고 새우를 꼬들꼬들하게 볶아준다. ③ 붉은색 양파를 잘게 잘라 새우와 함께 레몬주스, 올리브 오일, 고춧가루, 파슬리 등과 섞어 빵 위에 올린다. ④ 뜨거운 물에 데쳐 껍질을 벗긴 토마토를 내용물을 제거한 후 사각형 모양으로 잘게 썰어둔다. ⑤ 바질은 얇게 썰어둔다. ⑥ 발사믹 식초, 올리브 오일, 레몬 주스를 넣어 살짝 버무린 후 소금, 후추로 간을 한다. ⑦ 빵 위에 한입씩 올려 완성한다.

로스팅안심스테이크

재료 쇠고기 (안심), 허브 (타임, 로즈마리), 마늘, 올리브 오일, 소금, 후추, 아스파라거스

만들기 ① 허브, 올리브 오일, 후추로 밑간한 쇠고기를 냉장실에서 8시간 정도 숙성시킨다. ② 절인 고기의 양념을 걷어내고 소금 간을 한다. ③ 먼저 그릴에서 겉 표면을 구운 후 오븐에 넣어 원하는 정도로 익혀낸다. ④ 소금과 후추로 간을 한 아스파라거스를 올리브 오일을 살짝 발라 오븐에서 구워 고기와 함께 낸다.

구운 아스파라거스를 곁들인 로스팅안심스테이크,
감자그라탕, 과일꼬치, 비트샐러드, 아보카도와 고트
치즈, 스파이시새우와 토마토, 바질을 올린 크로스티
니, 초콜릿 케이크, 수제쿠키

christmas style

요즘은 트렌드에 따라 조금씩 달라지고 있지만 전통
적으로 크리스마스를 상징하는 색은 붉은색, 녹색,
금색 등이다.
크리스마스 테이블을 꾸밀 때는 4계절 잎이 푸른 상
록수류, 아이비, 포인세치아, 볏짚 등의 식물류와 솔
방울, 호두 등의 열매류, 로즈마리, 계피, 글로브 등
의 향과 함께 촛불, 리본, 벨 등을 이용하였다.

행복한 연말을 위한 기분 좋은 상차림

flower materials
포인세티아, 리시안셔스, 작약, 라넌큘러스, 스마일락스, 국화

styling
보색대비를 보여주고 있지만 짙은 원색의 색은 벽 쪽으로 두고 앞쪽의 중심 테이블과 의자
는 파스텔 계열의 색을 사용했기 때문에 전체적으로는 차분한 분위기를 자아낸다. 인접색
이 아닌 색을 함께 사용할 때는 서로 어울리도록 연결감을 주는 것이 중요한데, 테이블보
의 색과 비슷한 색의 꽃을 리본과 함께 묶어 의자에 장식해 주었다. 냅킨과 테이블 센터피
스도 마찬가지로 연결 색을 넣어 전체 공간이 서로 어울리도록 하였다. 테이블 옆에 오브
제를 세워 초를 밝히고 포인세치아 화분을 장식해 크리스마스를 비롯한 각종 연말 모임 분
위기와 어울리도록 연출해 주었다.

technique

01 두꺼운 원형 틀 중간을 잘라 플로랄 폼을 세팅하고 꽃을 꽂아 마치 원통 안에서 꽃이 피어나는 것처럼 했다. 이런 형태의 화기에는 얼굴이 돋보이는 꽃을 깊게 꽂아 안정감을 줘야 한다.
02 심플한 형태의 유리화기에 라넌큘러스를 둥글게 꽂아 음식의 한 종류로 보이게 하여 다른 요리들과도 자연스럽게 어울리도록 하였다.

color style

붉은색 계열은 사람의 마음을 흥분시키고 고양시키는 색으로 인간의 통제할 수 없는 본능과 맞닿아 있는 색이라고 할 수 있다. 뿐만 아니라 붉은색은 권력과 힘을 상징하기도 하고 역동적인 에지와 귀하고 고급스러운 이미지를 갖고 있어 파티와 가장 어울리는 색으로 각광받고 있다.

cooking

로스트비프 립아이, 파스타와 토마토샐러드, 훈제
연어 롤과 와사비 크림소스, 새우를 넣은 월남쌈,
피칸파이, 고구마김치매쉬, 야채볶음

party food

파티 음식을 준비할 때는 준비 과정은 복잡하지
않으면서 즐겁게 즐길 수 있는 메뉴 위주로 구성
하는 것이 좋다. 평소에 자주 먹던 재료라고 할지
라도 조리 방법을 살짝 바꾸거나 스타일링에 조금
만 신경 쓰면 전혀 새로운 요리처럼 보일 수도 있
다. 격식을 차리지 않아도 되는 파티라면 이리저
리 자리를 옮기면서도 부담 없이 먹을 수 있는 핑
거푸드 위주로 메뉴를 구성하도록 하고 진중한 분
위기의 모임이라면 메인요리 2~3가지를 중심으
로 곁들여 먹을 수 있는 메뉴를 준비하여 각자 개
인 접시에 덜어 먹을 수 있도록 한다.

로스트비프 립아이

재료 쇠고기 가슴살, 마늘, 타임(허브), 올리브 오일, 소금, 후추

만들기 ① 마늘과 타임을 잘게 썰어 오일과 함께 고기에 발라 냉장고에서 8시간 정도 숙성시켰다가 굽기 2시간 전에 꺼내 상온에 둔다. ② 쿠킹호일을 덮어 오븐에서 1시간 30분 정도 굽는다.

훈제연어 롤과 와사비 크림소스

재료 훈제연어, 새싹채소, 샐러드용 야채, 사워크림, 와사비 가루, 마요네즈, 설탕, 레몬 주스, 소금, 후추

만들기 ① 훈제연어를 얇게 썰어 둔다. ② 새싹채소와 샐러드용 야채를 흐르는 물에 씻어 준비한다. ③ ①의 연어에 야채를 넣고 돌돌 말아준다. ④ 사워크림, 와사비 가루, 마요네즈, 설탕, 레몬 주스를 섞어 새콤하고 달콤하게 소스를 만든다. ⑤ 접시에 훈제연어 롤을 담고 소스를 뿌려준다.

우리 아이의 즐거운 생일 파티

flower materials
튤립, 몬스테라

styling
아이들 생일을 위한 스타일링을 할 때는 화려하고 다양한 소재를 사용하기보다 1~2가지의
소재로 깔끔하게 꾸며주는 것이 좋다. 대신 꽃과 함께 아이들이 좋아하는 풍선을 달아 밝
은 분위기로 연출하였다. 음식을 놓은 메인 테이블은 튤립의 길이를 달리하여 여러 개 꽂
고 테이블 뒤쪽으로 아치형의 헬륨 풍선을 배치하였다. 뷔페식 상차림이므로 음식을 일렬
로 배열하기보다 높낮이를 달리하여 음식이 한눈에 들어와 편하게 가져갈 수 있도록 한다.

technique
01 아이들이 앉을 테이블에는 센터피스 외에 몬스테라 잎을 러너 대신으로 깔고 헬륨 풍
선을 올려 주었다. 02 , 03 특별한 기교를 부리기보다 깨끗하고 깔끔하게 꽃을 꽂고 리
본으로 포인트를 주었다. 음식을 놓는 테이블에는 튤립을 자연스럽게 묶어 화기에 꽂아주
었다. 한정된 소재로 테이블 스타일링을 할 때는 꽃을 둥글게 꽂는다든지 한쪽 방향으로
꽂는다든지 조금씩 변화를 주는 것이 덜 지루하게 보일 수 있다.

01

02

03

cooking

해산물 샐러드, 콘 샐러드, 피자 돈까스, 아보카도 브루쉐타, 오렌지 소스를 얹은 닭다리, 새우 튀김, 과일초콜릿 타르트, 젤리, 롤케이크

피자 돈까스

재료 돼지고기(등심), 스위트콘, 피망, 양파, 토마토, 밀가루, 계란, 빵가루, 소금, 후추, 토마토소스, 모차렐라치즈

만들기 ① 돼지 등심은 손질하여 소금, 후추로 밑간을 한다. ② 밀가루, 계란물, 빵가루 순으로 튀김옷을 입혀 기름에 노릇하게 튀겨 낸다. ③ 준비한 야채들을 살짝 볶아 소금, 후추로 간을 해준다. ④ 튀겨낸 고기에 토마토 소스를 바르고 볶음 야채와 모차렐라치즈를 뿌려준다. ⑤ 오븐에서 치즈가 녹을 정도로 구운 후 접시에 담고 국기 모형으로 장식해 낸다.

오렌지 소스를 얹은 닭다리

재료 닭다리, 아몬드, 사과, 허브, 올리브 오일, 오렌지 주스, 그레비 소스, 설탕, 버터, 소금, 후추

만들기 ① 닭다리는 칼집을 내어 허브, 올리브 오일, 소금, 후추에 절여둔다. ② 아몬드는 적당한 크기로 썰어 미리 살짝 구워 놓는다. ③ 사과는 반달 모양으로 썰어 달군 팬에서 색이 날 정도로 구워준다. ④ 오렌지 주스를 졸인 후 그레비 소스를 넣어 끓이다가 설탕, 버터, 소금, 후추로 간을 맞춰 소스를 만든다. ⑤ 소스를 골고루 바르면서 닭다리를 익혀 윤기가 나도록 한다. ⑥ 그릇에 닭다리를 돌려 담고 익힌 사과와 아몬드를 가니쉬로 올려 마무리한다.

야외 카페에서 즐기는 커피 한 잔의 여유

flower materials
장미, 용담초, 국화, 수국

styling
야외 테이블 스타일링을 할 때는 꽃의 색이 선명한 것을 선택해야 한다. 야외라는 장소의 특성상 다양한 색과 빛이 섞여 있기 때문에 꽃이 묻혀버리기가 쉬우므로 선명한 색감과 대조적인 질감을 가진 꽃을 선택하는 것이 좋다. 대신 꽃을 꽂은 모양을 통일해서 이질감 없이 하나로 보이도록 한다.

technique
꽃의 길이를 맞추어 나선형으로 잡아서 묶은 다음 화기에 꽂는다. 꽃이 화기 위로 많이 올라오는 것보다 화기의 길이와 맞추어 꽃 얼굴만 화기 밖으로 나오게 하는 것이 안정감 있어 보인다. 또 꽃의 색과 화기의 색이 잘 어울리도록 선택하는 것이 중요하다.

coffee

베트남식 커피는 진하게 내린 커피에
연유를 섞어 달콤하고 고소하게 마시
는 것이 특징이다. 처음 맛보는 사람
들은 너무 달게 느껴져 거북할 수도
있으나 연유와 함께 마시는 달콤하고
진한 그 맛은 시간이 갈수록 잊기 힘
든 중독성을 가지고 있다. 베트남어
로 커피를 까페 'Ca Phe'라고 하는데
커피를 주문하면 알루미늄 드리퍼를
잔 위에 올려줘 개인별로 커피를 내
려 먹을 수 있다.

청명한 여름날 맛보는 한국식 디저트

flower materials

망개, 난

styling

속이 빈 큰 돌 위에 유리를 올려 테이블 대신으로 꾸며 보았다. 안이 보인다는 점을 활용해
꽃잎을 넣어 하나의 흐름으로 느껴지도록 하였다. 난은 특유의 은은하고 정갈한 분위기로 간
단하게라도 격식을 차리고 싶은 자리에 어울리는 꽃이다. 긴 사각 접시에 몇 가지 종류의 떡
을 놓고 끝에 난의 꽃만 따서 올려놓았다.

technique

꽃의 얼굴만 따서 물 위에 띄우는 방법은 물이 고일 수 있으면 어디에서나 사용할 수 있다.
편평한 화기라면 수분이 없어도 일정기간 유지될 수 있는 꽃을 선택하도록 한다. 망개를 사용
할 때는 서로 엉켜 있는 가지를 충분히 풀어서 자연스러운 선이 살아나도록 하는 것이 좋다.

dessert

식사가 끝난 뒤 즐기는 디저트, 즉 후식은 모자란 영양소를 보충하거나 여러 가지 맛을 보느라 어지러워진 혀와 위장을 편안하게 해주는 역할을 한다. 보통 후식으로 단맛을 내는 종류가 많은데 단맛은 위장의 기운을 느슨하게 하여 남아 있는 식욕과 공복감을 떨어뜨리는 역할도 한다. 특히 우리나라 전통 후식은 떡 한 조각, 과자 한 입, 화채 한 모금을 먹더라도 소화를 돕고 부족한 영양분을 채워주며 식후 기분 전환은 물론 사람과 먹을거리 사이의 조화와 이치까지 염두에 둔 것들로 조상들의 이면을 엿볼 수 있다.

손님을 위한 야외 다과상

flower materials

남천, 불로초

styling

마당에 있는 편평한 돌을 테이블로 활용한 간단한 다과상 차림이다. 남천 엮은 것을 중심
에 놓고 남천 잎을 러너처럼 활용해 그 위에 다기와 다과 접시를 올려놓았다. 멋을 부리고
기교를 부린 꽃꽂이가 아니라 마당에 자연스럽게 피어 있는 나뭇가지를 보는 듯 담백하게
스타일링해 주었다.

technique

남천 줄기는 여러 개 묶어 돌 위의 홈 사이에 넣어 주고 남천 잎은 하나의 나무로 보이도록
다듬어 자연스러운 선을 살려 준다. 불로초는 남천 사이사이 자연스럽게 놓아 마치 남천의
열매처럼 보이도록 한다.

우리나라의 다과류 중에서 대표적인 것이 강정이다. 고려시대부터 전해 내려오
는 것으로 알려진 강정은 찹쌀을 주원료로 하여 모양이나 고물에 따라 저마다
다른 이름으로 불리고 있다. 강정 외에도 밀가루와 기름, 꿀을 이용해 만드는
유밀과, 깨, 콩, 찹쌀, 송화, 녹말 등의 가루를 꿀로 반죽해 다양한 틀에 찍어내
는 다식류, 식물의 뿌리나 열매를 꿀이나 물엿으로 달콤하게 조린 정과류, 서양
의 젤리와 비슷한 과편류 등 다양한 종류의 다과가 있다.

04

테이블 플라워 연출 2
– 꽃으로 연출한 다양한 테이블

소중한 아이를 위한 돌 상차림

flower materials
국화(프로기), 미니 거베라, 장미(키위), 풍선초, 유칼립투스, 왁스 플라워, 스마일락스, 맨드라미, 여우머리

styling
아이가 주인공인 상차림이므로 노랑, 주황, 연두의 밝고 따뜻한 색감을 위주로 구성하였다. 메인 테이블의 테이블보 역시 밝은 색의 문양이 들어가 있는 것으로 선택하였다. 중앙의 사방화는 약간 낮게 만들어 아이의 얼굴이 잘 보이도록 했으며, 양쪽에는 토피어리와 아이가 좋아하는 장난감, 액자들을 배치하였다. 보조 테이블에는 리스를 만들어 중간에는 초를 밝힐 수 있도록 하였고 메인 테이블 양쪽에 케이크 테이블과 웰컴 보드를 만들어 주었다.

technique
리스는 그룹핑으로 꽃을 꽂고 가운데 작은 유리화기를 넣고 초를 꽂아 촛농이 꽃에 직접 떨어지지 않도록 하였다. 케이크 테이블과 웰컴 보드에는 스마일락스를 기본으로 연결하고 와이어링을 이용해 꽃을 연결해 주었다. 메인 테이블의 토피어리는 장미 줄기를 이용해 기둥을 세우고 꽃을 꽂았다. 토피어리 아래와 사방화 아래쪽으로 여우머리를 장식해 귀여움을 더해 주었다.

kids party table

아이들을 위한 파티 테이블은 무채색의 어둡고 우울한 분위기의 색을 제외하고 비교적 다양한 색을 이용하여 꾸미는 것이 좋다. 때문에 어른들을 위한 자리보다 다소 강한 듯한 느낌을 주어도 무방하다. 그 외에도 아이들이 흥미를 느낄 만한 소품들을 직접 활용하는 것이 좋은데 평소에 가지고 노는 장난감이나 아이들의 이름이 적힌 네임카드 등을 활용할 수 있다. 테이블 센터피스 역시 일반적인 형태의 디자인보다 토피어리나 리스 등 아이들이 흥미를 느낄 수 있는 스타일로 하고 풍선초, 여우머리 등 독특한 형태의 소재를 사용해 보도록 한다.

부모님과 함께하는 한식 차림

flower materials
옥시페탈룸, 호엽란, 소국, 망개

styling
전체 컨셉을 고려해 사용하고자 하는 식기, 꽃과 어울릴 수 있는 테이블보를 선택해 깔아
준 다음 식기를 세팅한다. 이 스타일링은 식기에 특별한 문양이나 색이 없으므로 테이블보
나 꽃 역시 깔끔하고 깨끗한 분위기로 연출하였다. 호엽란의 잎줄기와 옥시페탈룸, 소국,
망개 등을 이용하여 일정한 리듬을 만들면서 테이블 중앙을 꾸며주었고, 또한 작은 앞 접
시에 반복적인 규칙을 만들어 전체적인 통일감을 주었다.

technique
01, 02 호엽란을 둥글게 말아 컬러 와이어를 이용해 고정시켜 놓고 옥시페탈룸과 소국을
올려 주었다. 호엽란 잎줄기와 국화의 경우 수분 요구도가 낮은 반면, 옥시페탈룸은 수분
공급이 원활히 이루어지지 않으면 바로 꽃이 쓰러지므로 수분 공급에 신경써야 한다.

발렌타인데이 프로포즈를 위한 테이블

flower materials

장미, 스마일락스, 엽란, 망개, 이끼, 라피아

styling

연인을 위한 날이나 프로포즈할 때 꼭 들어가는 붉은색을 중심으로 스마일락스, 엽란의 초록이 어울러진 사랑스럽고 싱그러운 느낌의 테이블을 꾸몄다. 전체 분위기에 어울리는 하트 모양의 러그와 식기를 세팅하고 선물상자와 꽃으로 장식하였다. 하트 모양의 화기에는 붉은 장미와 흰색 장미를 낮게 꽂아 사랑스러운 분위기를 연출하였다.

technique

01 윗부분을 라피아로 묶은 장미를 토피어리 형식으로 높게 꽂는다. 장미 바로 아래쪽은 꽃받침처럼 스마일락스를 자연스럽게 둘러준다. 유리화기에 플로랄 폼을 세팅할 때는 엽란을 둘러 플로랄 폼을 감추는 것이 보기에 좋다. 화기와 줄기 부분에 망개 열매를 채워 색다른 질감을 보여준다.

결혼식 피로연을 위한 테이블 스타일링

flower materials

작약, 목수국, 퍼프리움, 리시안셔스

styling

결혼식 테이블을 연출할 때는 전체 분위기와 결혼식에 사용된 다른 꽃과의 조화를 고려해 꽃을 선택해야 한다. 비슷하거나 같은 소재를 선택해 로맨틱하고 싱그러운 이미지를 느낄 수 있도록 작은 유리화기에 꽂아 무리를 지어 준다. 이렇게 작은 화기에 꽃을 꽂아두면 테이블 장식은 물론 피로연이 끝난 후 선물용으로 하나씩 나누어 줄 수도 있다.

technique

병꽂이를 할 때는 핸드타이 형식으로 꽃다발을 묶은 다음 꽂을 수도 있고 묶지 않고 하나씩 병에 직접 꽂는 방법이 있다. 핸드타이 형식으로 묶어서 꽂을 때는 중심 꽃부터 시작해 그린의 순서로 묶고, 병에 직접 꽂을 때는 가장자리에 그린 소재부터 꽂고 중심에 큰 꽃을 꽂은 후 나머지 꽃들을 꽂는다.

wedding table styling

결혼 피로연을 위한 테이블 스타일링은 무엇보다 밝고 환한 분위기의 엘레강스 스타일이나 로맨틱 스타일이 어울린다. 플라워 디자인 역시 원색이나 지나치게 화려하거나 어두운 색조보다 분홍, 녹색, 흰색 계열의 파스텔 컬러로 부드러운 색조를 사용하도록 한다.

한번에 많은 사람이 테이블에 앉는 만큼 플라워 디자인의 규모는 식사와 대화에 방해가 되지 않도록 해야 한다. 피로연이나 기업의 파티 등 많은 사람들이 모이는 테이블은 꽃만 눈에 띄기보다 그 모임의 목적과 정확히 부합될 수 있도록 디자인한다.

결혼기념일의 로맨틱 파티

flower materials
목수국, 작약, 리시안셔스, 레이스 플라워, 카라, 백일홍

styling
로맨틱한 분위기 연출을 위해 가장 많이 이용하는 색 중 하나가 분홍색이다. 여기에 파스텔톤의 흰색과 녹색 계열을 더하면 과장되지 않으면서도 사랑스럽고 자연스러운 분위기를 연출할 수 있다. 같은 꽃을 사용하더라도 두 가지 분위기를 낼 수 있는데, 하나는 중심 센터피스 외에 작은 센터피스를 양쪽에 두고 접시 아래에 초록색 러너를 깔아 안정감을 주었다. 다른 하나는 세로로 길게 자른 분홍색 테이블보를 양쪽으로 깔고 분홍 계열의 중심 센터피스만 두어 로맨틱한 분위기를 강조하였다.

technique
01 목수국과 작약으로 기본 형태를 잡은 후 리시안셔스, 레이스 플라워, 백일홍의 순서로 꽂아 둥근 형태를 완성해간다. 원형의 형태이지만 아래로 약간 흐르는 듯 자연스러운 스타일이므로 꽃을 약간 흩뜨리면서 꽂아 여유를 만들어준다. 02 중심 센터피스 양쪽으로 흰색과 녹색 계열로 조금 작은 크기로 꽃을 꽂고 센터피스 아래쪽에는 목수국를 뿌려준다.

01

02

romantic image table

로맨틱한 이미지는 여성성이 강한, 꿈꾸는 듯한, 부드러운, 낭만적인 이미지로 감미로운 분위기를 보여준다. 로맨틱함을 표현하기 위해서는 분홍색을 중심으로 흰색이나 부드럽고 감미로운 색채 이미지를 사용한다. 연인들을 위한 프로포즈 테이블이나 결혼식 피로연 테이블 스타일링에 어울리는 이미지로 테이블 센터피스는 작약이나 수국, 레이스 플라워 등을 이용해 조금 풍성해 보이도록 디자인한다. 린넨류는 흰색을 사용하는 것이 좋은데 테이블 클로스를 흰색으로 하고 러너나 매트, 냅킨 등에 포인트를 주어 사용해도 좋다.

신선하고 내추럴한 스타일의 테이블

flower materials

백합, 장미, 스마일락스, 미니장미, 리시안셔스, 몬스테라 잎, 녹영

styling

white & green의 색 배합이 신선하고 싱그러운 느낌을 주어 마치 야외에 나와 있는 듯하다. 모양과 크기가 각각 다른 화기에 여러 가지 꽃을 꽂아 연출했는데 이렇게 화기의 모양과 크기가 제각각일 때는 앞쪽과 중심에 낮은 것을 놓고 뒤쪽과 가장자리에 높은 것을 배치하도록 한다. 그래야 시선이 자연스럽게 이어져 안정감 있게 느껴진다.

technique

유리화기에 몬스테라 잎을 먼저 넣고 백합을 꽂아서 백합의 줄기가 보이지 않도록 한다. 스마일락스는 자연스럽게 둘러주면서 아래 작은 꽃들과 연결감을 준다. 작은 컵에 꽂은 장미와 리시안셔스는 꽃의 얼굴을 잘 맞추어서 전체 모양이 흐트러지지 않도록 한다.

우아한 분위기의 스탠딩 파티

flower materials
작약, 리시안셔스, 아네모네, 라넌큘러스, 용버들, 측백, 먼나무, 유칼립투스

styling
붉은색과 골드 분위기에 분홍색으로 악센트를 주었다. 테이블보를 전체적으로 깔지 않고 양쪽 모서리 부분에만 살짝 둘러 밋밋한 테이블 색에 포인트를 만들었다. 중앙에 살짝 홈이 파진 독특한 형태의 테이블로 측백을 깔고 그 위에 꽃을 올렸다. 접시나 초, 화기 등을 가지런하게 두는 천편일률적인 방법 대신 약간 자유스럽게 배치하여 점잖은 분위기에 약간의 변화를 주었다.

technique
금색 문양이 있는 화기에 플로랄 폼을 세팅하고 비대칭으로 꽃을 꽂는다. 작약 같이 얼굴이 큰 꽃을 정 가운데 꽂으면 연결감을 줄 수 없고 흥미 또한 떨어진다. 작약을 가장자리 쪽으로 꽂고 나머지 꽃들을 그룹지어 꽂는다. 접시에는 먼나무 가지와 열매를 조금씩 올려 놓았다.

asymmetrical design

인공의 힘이 들어가지 않은 자연 그대로의 모습은 비대칭을 이루고 있는 것이 보통이다. 그래서 대칭을 중요시하는 플라워 디자인, 특히 테이블 데커레이션이나 상품으로서는 조금 부담스러울 수도 있다. 때문에 장식적인 디자인으로 연출하고자 할 때는 그룹을 선정하여 디자인을 하도록 한다. 이 그룹 중에 수국이나 작약 등 큰 꽃을 선정한 후 나머지 다른 꽃들을 연결시켜 일정한 리듬을 만들어 효과를 내도록 한다.

화이트 송년 파티

flower materials

아네모네, 튤립, 라넌큘러스, 트리안, 포인세티아, 아스파라거스, 안개초, 장미(보잉)

styling

자연과 좀 더 가까운 삶을 살고자 하는 최근의 경향에 맞게 흰색과 녹색의 조화를 통해 편안하고 자연스러운 분위기를 연출하고자 하였다. 중심에 큰 화기를 두고 한 번에 여러 가지 꽃을 꽂는 것이 아니라 테이블의 중심선에 여러 개의 화기를 두고 각각 다른 종류의 꽃을 꽂았는데 무엇보다 이들이 서로 어우러질 수 있도록 하는 것이 가장 중요하다. 이렇게 다른 모양의 화기와 여러 가지 꽃을 한 곳에 사용할 때는 컬러를 맞춰주면 복잡하고 산만해 보이는 것을 피할 수 있다.

technique

화기의 높낮이를 다르게 하고 화기의 형태와 꽃을 꽂은 형태에 변화를 주어 자연스러운 리듬감을 주었다. 트리안은 뿌리째 그릇에 담고, 아스파라거스는 여러 꽃들을 하나로 이어주는 것처럼 자연스럽게 늘어뜨렸다.

color image

흰색은 뚜렷하게 무엇을 상징하지 않는 색인 동시에 무엇과도 어울릴 수 있는 색이다. 또 흰색은 거의 대부분의 꽃이 가지고 있는 색으로 질감을 강조한 디자인을 하고자 할 때 효과적이다. 잎이나 나무 등 녹색의 소재와 가장 잘 어울리는 색 또한 흰색으로 최근의 자연 친화적인 디자인 경향에 맞추어 보았을 때 가장 이상적인 색이라고 할 수 있다.

흰색의 장점 중 하나는 조명에 따라 그 이미지와 색이 달라 보일 수 있다는 것이다. 때문에 초를 비롯한 각종 조명기구의 활용법에 따라 얼마든지 다른 분위기로의 연출이 가능하다.

계절의 여왕 5월의 가든 파티

flower materials
작약, 레이스 플라워

styling
한두 가지 종류의 꽃으로 스타일링을 할 때는 중심이 되는 꽃은 얼굴이 크고 몇 가지 색을 가진 것으로 사용한다. 또, 야외에 마련된 테이블에 꽃 장식을 할 때는 지나치게 복잡한 기교를 부리거나 다양한 스타일로 꽃을 꽂기보다 단순하고 비슷하거나 같은 모양으로 꽃을 꽂아 장식하는 것이 좋다. 야외라는 장소의 특성상 꽃 외에도 색이 다양하고 매순간 빛의 양과 방향이 달라지기 때문이다. 테이블 둘레에는 오브제를 이용해 테이블 센터피스와 연결감을 주어 꽃을 꽂아주도록 한다.

technique
토분에 작약과 레이스 플라워를 꽂아 심플하지만 고급스럽고 우아한 스타일로 완성하였다. 토분에 조금 높게 플로랄 폼을 세팅하고 꽃을 사선으로 꽂아 꽃의 얼굴이 아래로 향하게 하여 전체적으로는 구의 형태가 나오도록 하였다.

flower story

작약은 5~6월에 꽃을 피우는 식물이
지만 꽃시장에서는 수입되는 꽃이므
로 사계절 내내 볼 수 있다. 꽃 얼굴
이 크고 화려한 모양이어서 신부 부
케에 많이 사용되며 부귀영화를 뜻하
는 꽃이기도 하여 축하의 의미를 가
진 날에 사용하기 좋은 꽃이다. 작약
은 보통 꽃의 3배 정도의 크기로 겹
꽃이라 다른 여러 가지 꽃들과 함께
사용하기보다 필러 종류와 함께 한두
가지로 깨끗하게 구성하는 것이 좋
다. 또한 작약은 한 송이 꽃 안에서도
색의 변화가 다양해 색의 조화를 이
루기에 좋은 꽃이다.

시원한 자연이 살아있는 테이블

flower materials

스토크, 정금나무, 무늬명자란, 드럼스틱, 장미, 스카비오사, 수레국화, 레이스 플라워

styling

마치 야외에 나와 식사를 하는 듯한 기분을 낼 수 있는 테이블 스타일링이다. 약간은 거칠고 투박해 보이는 바구니에 흰색 꽃과 그린 소재들을 소복하게 꽂고 양 옆으로 명자란과 꽃잎을 자연스럽게 늘어뜨려 자연의 느낌을 더했다. 테이블을 비롯한 식기류나 매트 벽장식용 꽃 등 모든 요소들이 서로 편안하게 어울려 자연스러움을 돋보이게 하였다.

technique

01 테이블 센터피스에 사용한 손잡이 달린 바구니는 플로랄 폼을 낮게 세팅하고 꽃이 바구니 안에 담긴 것처럼 꽂는다. 바구니 양쪽으로 명자란 잎을 사선으로 한 장씩 아랫부분이 겹치도록 늘어놓고 꽃잎을 자연스럽게 뿌려준다. 02 테이블 옆 벽 장식에 사용한 꽃바구니는 꽃이 바구니 위로 살짝 흐르듯 꽂아 주는데 바구니 가장자리부터 녹색잎을 채워 부드러운 분위기가 나도록 한다.

가을의 분위기를 전하는 테이블 스타일링

flower materials

해바라기, 장미(밀바), 망개(청미래덩굴), 산호수, 안개초, 다래 넝쿨, 호엽란, 수국, 석류, 히페리쿰

styling

가을이라는 계절적 주제에 맞게 오렌지와 노랑 계열로 단계적으로 색의 변화를 주었다. 오브제나 화기들 역시 토분이나 짙은 색으로 선택해 주제와 어울리도록 하였다. 긴 사각 테이블에 화기를 일렬로 배치하고 사이사이를 다래 넝쿨과 망개로 연결시켰으며, 의자에는 안개로 갈란드를 만들어 늘어뜨리고 양쪽 오브제 위쪽에 초 컵을 두어 로맨틱한 분위기를 연출하였다.

technique

01 중앙의 센터피스는 각기 다른 케이크 받침대를 2층으로 쌓고 꽃을 꽂았는데 조금은 다른 분위기를 연출하고 싶을 때는 이렇게 화기를 겹쳐서 쓰는 것도 색다르다. 02 작은 토분에는 해바라기와 장미, 석류를 그룹지어 자연스러운 분위기로 꽂았다. 테이블 양쪽의 동 오브제에는 3단으로 꽃을 꽂아 풍성하게 보이도록 하였다.

01

02

season table styling

봄에는 노란색, 녹색 등 생명력이 느껴지는 밝고 환한 색과 작고 아기자기한 소품으로 봄의 분위기를 살려준다. 여름에는 파란색 계열의 색과 투명한 유리 그릇을 이용해 청량감있게 연출해 준다. 결실의 계절 가을에는 와인 빛이나 짙은 갈색 계열이 가장 잘 어울리며 곡식이나 열매, 낙엽 등을 활용하여 풍성하게 꾸며준다. 겨울철에는 따뜻하고 포근한 느낌을 연출하는 것이 중요한데 붉은색이나 보라색 중 진중하고 깊이감이 느껴지는 색이 잘 어울리며 누빔 처리를 한 린넨류와 옹기와 도기, 나무 식기류도 겨울 분위기 연출에 좋은 소품이다.

유쾌하고 즐거운 크리스마스

flower materials

거베라, 편백, 말채, 난(반다), 장미(블렉뷰티, 카버넷), 솔방울, 유칼립투스

styling

붉은색과 녹색을 중심으로 하고 보라색의 반다를 넣어 악센트를 주었다. 테이블보는 꽃 문양이 들어간 금색으로 하고 접시와 꽃은 붉은색으로 하여 색의 균형을 맞추었다. 천장에 매단 거베라와 어울리도록 테이블에도 장미 꽃잎과 거베라를 곳곳에 뿌려두었다. 케이크도 준비한 그대로 세팅하기보다 아랫부분에 편백을 두르고 위에 장미로 포인트를 주었다.

technique

센터피스는 편백으로 별 모양을 만들고 그 위에 빨간 장미를 꽂아 크리스마스 분위기를 연출한다. 거베라의 철심과 플로랄 테이프를 벗기고 편백 가지를 이어 붙여 자연스럽게 흘러내리도록 천정에 고정한다. 테이블 뒤쪽 기둥에 올린 화기에는 피닉스 스타일로 말채를 곧게 꽂아 웅장하게 보이도록 한다. 벽에는 편백을 이용해 가란드와 리스를 만들어 장식한다.

05

다양한 스타일의
테이블 플라워 실습

초를 이용한 디자인

flower materials
달리아, 장미, 수국, 왁스 플라워, 리시안셔스, 초

technique
화기 중앙에 초를 고정시키고 가장자리에 꽃을 그룹지어 라운드 형태로 꽂아준다. 꽃을 낮게 꽂는 형태로 사용한 꽃의 양에 비해 풍성한 느낌을 준다.

place·use
흰색과 붉은색의 조화가 크리스마스 테이블 센터피스에 어울리며 판매용으로도 좋다. 테이블뿐만 아니라 집 어느 곳에 놓아도 잘 어울릴 수 있는 디자인으로 여러 개를 일렬로 나열하여 사용하면 더욱 돋보인다.

샴페인 잔을 이용한 디자인

flower materials

반다, 장미, 왁스 플라워, 이끼

technique

샴페인 잔을 이용하여 한 종류의 꽃을 비더마이어 형식으로 촘촘하게 꽂아 꽉찬 느낌을 보여주는 디자인
이다. 중간에 신문지를 구겨서 모양을 만든 후 이끼를 붙이고 녹색 카파 와이어를 감아 완성한 것이다.

place·use

특별한 화기를 사용하기보다 먹고 남은 와인병을 촛대로, 쓰지 않는 샴페인 잔을 화기로 응용한 디자
인으로 정형화된 스타일의 테이블이 아니라 자유로운 분위기에 잘 어울린다. 와인 숍에서 와인과 함께
세팅하기에도 좋고, 꽃이 남았을 때 작은 잔에 꽂아 코너 테이블에 분위기 전환용으로 두기도 한다.

장미로 연출한 토피어리 디자인

flower materials
장미, 줄, 아이비, 이끼, 반다

technique
토피어리 형태는 일반적으로 나무나 이끼를 이용해 만드는 경우가 많지만 꽃을 이용해 만들어도 개성 있는 테이블 센터피스를 만들 수 있다. 가시를 제거한 장미 줄기로 기둥을 세우고 플로랄 폼을 둥글게 깎아 이에 고정시킨 다음 꽃을 꽂는다.

place·use
귀엽고 깜찍한 스타일로 격식을 차린 정찬 테이블보다는 여러 개의 테이블이나 캐주얼한 상차림에 어울리는 스타일이다. 약간 높은 형태의 디자인으로 10인용 라운드 테이블이나 스탠딩 파티의 작은 라운드 테이블에 어울린다. 또는 돌상 차림에 아이들 사진을 붙여 놓아도 좋다.

채소와 꽃을 함께한 디자인

flower materials
수국, 백합, 국화, 리시안셔스, 연밥, 왁스 플라워, 스마일락스, 콩, 아스파라거스

technique
높이가 약간 있는 접시 형태의 화기에 비대칭으로 꽃을 꽂아 주었다. 대칭을 이뤄 꽃을 꽂기도 하지만 수국과 같은 특별한 형태의 꽃을 사용할 때는 비대칭의 형식으로 모아 꽂는 것도 좋은 방법이 된다. 약간 높이가 있는 형태의 화기이므로 꽃이나 잎들이 아래로 흐르는 듯한 느낌으로 꽂아 준다.

place·use
테이블 센터피스로 어디에나 잘 어울리는 디자인이며, 사이사이에 야채가 들어 있어 식욕을 자극하는 식사용 테이블의 장식에 좋다. 라운드 테이블에도 어울리지만 직사각형 테이블에서 여러 개의 컵을 활용하여 반복적으로 세팅한다면 잘 어울리는 디자인이다.

두 개의 화기로 연출한 디자인

flower materials

장미, 메리골드, 왁스 플라워, 꽈리, 줄아이비, 리시안셔스

technique

두 개의 화기를 마치 하나처럼 보이게 연결한 스타일이다. 화기에 줄기를 꽂고 그 줄기에 꽈리를 고정시켜 연결해 주었다. 이런 형태는 화기의 크기가 조금 작아야 어울린다.

place·use

작은 화기를 여러 개 이용하여 직사각형의 긴 테이블에 활용하면 효과적인 디자인이다. 상큼하고 밝은 컬러로 두세 명 정도 차를 마시는 다과 테이블이나 레스토랑 입구 장식에도 어울리는 스타일이다.

도시락을 이용한 디자인

flower materials
수국, 장미, 왁스 플라워, 알스트로메리아, 반다

technique
도시락 모양의 바구니에 숨겨져 있던 꽃들이 활짝 피어
나는 느낌으로 꽃을 꽂는다. 바구니 뚜껑은 리본 등을
이용하여 고정시켜 준다.

place·use
감사 인사를 전하는 모임에 테이블 센터피스용으로 올
려 두었다가 손님들이 가실 때 하나씩 들려주면 1석 2
조의 효과를 누릴 수 있다.

보석상자 안에
꽃을 연출한 디자인

flower materials
반다, 옥시페탈룸, 장미, 아이비, 수국

technique
사용하고 남은 보석상자를 이용한 디자인이다. 상자와
같은 톤으로 상자 안에서 꽃이 활짝 피어나는 듯한 느낌
으로 꽂아 준다.

place·use
모양은 같지만 색이 다른 화기가 여러 개 있을 때 응용
하기 좋은 디자인으로 디스플레이, 테이블 세팅에 특히
어울리는 디자인이다.

사탕과 꽃이 함께한 디자인

flower materials
장미, 리시안셔스, 소국, 옥시펜탈룸, 반다, 마시멜로

technique
유리화기의 투명한 질감을 살린 디자인이다. 플로랄 폼을 비닐로 감싸서 넣고 가장자리에 마시멜로를 채워 넣어 질감과 색이 유리화기를 통해서 보여질 수 있게 하였다.

place·use
어린이 생일 차림의 장식용으로 사용하기에 좋은 디자인이다. 꽃을 꽂은 화기 하나만 두지 말고 이쑤시개에 꽃과 마시멜로를 꽂아 테이블에 뿌려두면 훨씬 재미있는 디자인이 된다.

화기의 형태를 살린 디자인

flower materials
장미, 리시안셔스, 메리골드, 알스트로메리아, 엽란, 러스커스, 수국

technique
그룹핑으로 꽃을 모아 잡고 핸드타이드 다발로 만들어 화기에 꽂아 주었다.

place·use
화기의 모양과 어울리게 둥근 형태로 만들어 코너 테이블 장식에 이용하기 좋은 디자인이다.

천연 소재 바구니를
이용한 디자인

flower materials
연밥, 리시안셔스, 소국, 과꽃, 아스파라거스

technique
잎소재를 먼저 꽂고 연밥의 위치를 잡은 다음 다른 꽃
들을 모아 꽂아 준다.

place·use
컨트리 스타일의 테이블 세팅이나 야외에 테이블을 꾸
밀 때 사용하기에 좋은 디자인이다.

로맨틱한 분위기의
센터피스 디자인

flower materials
백합, 장미, 수국, 소국, 아스파라거스, 팔손이 잎

technique
전형적인 형태의 테이블 센터피스 디자인으로 양쪽에서
모두 잘 보일 수 있도록 꽂아야 한다. 또 큰 꽃은 비켜서
꽂기보다 중앙에 꽂는 것이 좋다.

place·use
행사용으로 주로 사용하는 스타일로 긴 직사각형 테이블
에 어울리는 디자인이다.

덩쿨 가지를 이용한 디자인

flower materials

맨드라미, 메리골드, 석류, 편백, 피라칸사스, 곱슬버들, 퍼프리움, 줄아이비, 아스파라거스, 장미

technique

토피어리를 응용한 디자인으로 먼저 곱슬버들로 틀을 짠 다음 바구니에 고정시키고 그 위에 화기를 올려 꽃을 꽂는다. 아래 위 연결성을 주면서 꽃을 꽂아야 하며 비율을 잘 맞춰 꽂아야 기울어 보이지 않는다.

place·use

색감과 모양이 풍성해 보이는 스타일로 크리스마스나 추수감사절 모임의 중앙 테이블에 두기 좋은 디자인이다. 올 라운드(all round) 스타일로 어느 장소, 어느 방향에서 보아도 좋은데 뷔페 테이블이나 레스토랑 입구의 장식용으로 잘 어울린다.

핸드타이부케 센터피스 디자인

flower materials
장미, 작약, 히야신스, 러스커스, 몬스테라잎, 초

technique
중앙에 작약, 가장자리에 장미를 넣어 동그랗게 모양을 만든다. 이때 꽃들의 길이는 같아야 하고 꽃과 꽃 사이에 러스커스를 넣어서 신선함을 주어야 한다. 다 만든 후 끈으로 묶어 유리화기에 넣고, 테이블에 놓을 때는 몬스테라 잎을 깔고 높이가 다른 두 개의 화기를 놓은 후에 초로 스타일링한다.

place·use
유리화기를 사용하여 시원하고 깨끗한 느낌을 주는 디자인으로, 어느 테이블이나 어울리며 두 개를 하나의 조합으로 사용하였으므로 중간에 놓아도 좋고 코너에 놓아도 좋은 센터피스이다.

비잔틴 스타일의 원추형 디자인

flower materials
장미, 옥시페탈룸

technique
플로랄 폼을 높이 쌓아 원추형으로 만든 다음 비더마이어 스타일로 꽃을 꽂는다. 꽃의 줄기는 바짝 잘라내고 깊이 꽂아 꽃의 얼굴만 보이도록 한다. 점층적으로 색이 변하는 모습을 보일 수 있도록 장미는 그룹으로 꽂아 주고 옥시페탈룸으로 악센트를 만들어 준다.

place·use
사계절 모두 사용해도 좋으나 계절의 여왕 5월에 특히 어울리는 디자인이다. 비잔틴 스타일의 전통 원추형 디자인으로 하나씩 따로 떼어 테이블 센터피스로 사용할 수도 있고 위쪽에 초를 꽂거나 꽃 케이크 형태로 사용할 수도 있다. 어느 장소에나 무난하게 잘 어울리는 디자인이다.

잎소재를 접어서 이용한 디자인

flower materials
대국도, 앵초

technique
대국도 잎을 반으로 잘라 결대로 접은 후 와이어로 고정
시키고 그 위에 꽃을 얹는다.

place·use
한식 상차림에 어울리는 디자인으로 부침이나 산적 요
리 등과 특히 잘 어울린다. 화기를 특별히 준비할 필요
없이 식기로 활용할 수 있는 디자인이다.

잎소재를 말아서 이용한 디자인

flower materials
대국도, 용담초

technique
그릇에 대국도의 잎을 가운데부터 말아 놓은 후 용담초
의 꽃만 따서 사이사이에 꽂은 스타일이다.

place·use
대국도가 만들어 내는 선의 리듬과 용담의 보랏빛이 잘
어울리는 디자인으로 티 테이블에 특히 어울리는 스타
일로 위에서 내려다보는 것이 훨씬 흥미롭다.

다기를 이용한 디자인

flower materials
왁스 플라워, 찔레열매, 호엽란 잎, 베고니아 잎

technique
호엽란 잎을 격자 모양으로 짜서 컵 받침으로 깔고
세 개의 컵에 각자 다른 소재들을 꽂아 세팅해 주
었다.

place·use
어떤 상차림에도 어울리는 디자인으로, 세 개의 컵
을 따로 두기보다 서로 어울리게 모아 두는 것이
좋다.

접시를 이용한 디자인

flower materials
칼라, 남천

technique
얕은 그릇에 물을 조금 붓고 남천 잎과 칼라 꽃을 따
서 살짝 얹어 준다.

place·use
한식 상차림에 특히 어울리는 디자인으로, 악센트로
사용 가능하며 리듬감을 살려 여러 개를 스타일링해
도 좋다.

옹기를 이용한 디자인

flower materials
국화, 부레옥잠, 청미래덩굴

technique
옹기의 투박함을 살린 디자인으로 물을 채우고
부레옥잠과 국화를 살짝 띄워 주었다.

place·use
이른 가을날 청명한 날씨와도 어울리는 스타일로
어떤 상차림에도 무난하게 어우러진다.

긴 접시를 이용한 디자인

flower materials
청미래덩굴, 레몬잎

technique
긴 접시에 레몬잎을 리듬감 있게 펼쳐 놓고 망개를 자연스럽게 올려 놓는다.

place·use
망개열매에 물이 들었다면 초가을 정취와도 잘 어울리는 디자인으로 다른 센터피스 사이에 두어도 좋
고 잎과 열매만으로 간단하게 연출해도 좋다.

사각 접시를 이용한 디자인

flower materials

연줄기, 소국

technique

소재의 질감을 살려 연줄기를 사선으로 잘라 담고
그 위에 소국의 얼굴만 따서 올린다.

place·use

한국적인 느낌이 강한 소품이지만 생긴 모양에서
파스타가 연상되기도 하므로 퓨전 파스타가 올라
간 이탈리안 상차림에 악센트로도 어울린다.

꽃잎을 이용한 디자인

flower materials

장미, 수국

technique

꽃잎만 따서 그릇에 소복하게 담는 형태로 꽃 아래에
는 반드시 물이 있어야 한다.

place·use

흰색과 보랏빛의 조화가 차분해 보이는 스타일로 중
심 꽃 장식으로 사용하기보다 다른 장식들과 더불어
사용하기에 좋은 디자인이다.

여러 개의 사각 형태를 보여준 디자인

flower materials
장미, 카네이션, 몬스테라잎, 잎새란, 갈락스잎

technique
플로랄 폼을 사각으로 잘라 물이 세지 않도록 호일로
감싼다. 몬스테라잎, 잎새란, 갈락스잎을 양면테이프나
U핀으로 플로랄 폼에 고정시켜 준다. 장미와 카네이션
은 높이를 동일하게 꽂아 주는 것이 중요하다.

place·use
테이블의 수가 많을 때 같은 디자인의 꽃만 올리기 보
다 모양과 크기를 조금씩 달리하는 것도 괜찮은 방법이
다. 마음에 꼭 맞는 화기가 없을 때는 플로랄 폼을 호일
로 감싸고 그린을 붙여 화기 대신 사용하면 색다른 느
낌을 줄 수 있다.

구 형태를 표현한 디자인

flower materials
장미, 스틸그라스

technique
케이크를 올리는 종이접시에 플로랄 폼을 올리고 라운
드 형태로 장미를 돌려 꽂는다. 스틸그라스를 꽂아 장
식 효과와 더불어 연계성을 높여준다. 장미를 꽂을 때
는 장미의 길이를 똑같이 맞춰 구의 형태가 나올 수 있
도록 한다.

place·use
같은 모양이지만 크기가 다른 두 개를 만들어 사용하는
것이 훨씬 더 흥미롭다. 중심에 스틸그라스 대신 초를
꽂아 실제 케이크 같은 분위기로 연출해도 좋다.

다육식물을 이용한 테이블 디자인

flower materials

다육식물, 델피늄, 알루미늄 와이어

technique

알루미늄 와이어를 이용하여 우산을 만들고 델피늄의 꽃을 따서 붙인 후 흰색 도자기에 플로랄 폼을 넣고 꽂는다. 마무리는 이끼로 마무리하여 다육식물의 식물들과 어우러지게 한다.

place·use

가든파티의 긴 테이블에 어울리는 디자인으로 식물을 이용하여 여러 가지 화기의 다양성도 보이고 파티가 끝난 후에 손님들에게 선물로 주어도 좋은 아이템이다.

유리 화기를 이용한 수중 디자인

flower materials

반다, 카라, 스틸그라스, 알루미늄 와이어

technique

수중 디자인은 꽃을 물 안에 넣어서 하는 디자인으로 주로 잎이 많이 달리지 않는 카라, 난, 안스륨 등을 활용하며, 물 안에서 비치는 꽃들의 색깔과 형태가 뚜렷하게 보여진다. 카라는 모아서 꽃다발 형태로 만들고 반다는 물 안에 알루미늄 와이어를 같이 넣어서 흥미로움을 준다.

place·use

여름에 뷔페 테이블에 유리 접시와 함께 놓으면 좋은 디자인으로, 시원해 보이고 프로팅의 의미로 움직임이 느껴진다. 저녁에는 초와 함께 배치하면 유리에 비친 모습이 분위기를 로맨틱하게 해준다.

실버 촛대를 이용한 디자인

flower materials

장미, 리시안셔스, 안개, 스위트피, 백묘국, 맨드라미, 유칼립투스

technique

실버 촛대 위에 플로랄 폼을 올려놓고 사방으로 보이도록 꽃을 꽂아, 그 아래 수평형으로 두 개의 센터피스를 꽂는다. 와인잔에 코사지를 만들어 붙여 놓은 후 테이블에 어울리는 접시로 세팅하는 것이 좋다.

place·use

결혼기념일이나 프로포즈 테이블 장식으로 활용하고 파스텔 톤의 꽃을 사용하여 우아한 느낌을 준다. 꽃들의 높낮이가 있어서 어느 곳에 두어도 디자인이 예쁘게 보인다.

하트 리스를 이용한 테이블디자인

flower materials
스마일락스, 유칼립투스(폴리), 자나장미, 카네이션, 왁스플라워, 빨간장미

technique
#18 철사로 하트모양을 만들고 그 위에 스마일락스, 유칼립투스(폴리)를 감아놓은 후 자나장미를 붙여서 벽에 건다. 아래 테이블 쪽은 초를 중심에 놓고 센터피스를 만들어 꽃상자에 선물과 꽃을 넣고 와인잔과 함께 스타일링하였다.

place·use
어버이날 카네이션으로 만든 센터피스와 용돈을 넣은 상자를 테이블에 스타일링하여 마음을 전달하고, 하트 리스는 벽에 붙이면 공간장식으로 효과가 좋다. 특히 프로포즈나 발렌타인데이에 활용도가 높다.

호엽란과 거울을 이용한 센터피스 디자인

flower materials
호엽란, 엽란, 스카비오사, 코스모스, 하이페리쿰, 스타티스, 페니쿰, 과꽃, 남천

technique
플로랄 폼을 비닐에 싸서 화기를 만들고 그 위에 엽란과 호엽란을 감싸서 완성시킨다. 꽃은 자유롭게 선을 살려서 꽂고 최종적으로 거울 위에 놓아서 꽃과 만든 화기가 연결될 수 있도록 반복의 디자인을 할 수 있다.

place·use
계절적으로 여름을 느끼게 하면서 테이블 중앙에 둥근 거울을 두어 그 위에 놓여있는 디자인이 시원해 보이면서 다양성을 보여준다.

아치를 이용한 플라워 디자인

수국, 거베라, 튤립, 장미, 미니 델피늄, 후리지아, 알스트로메리아, 설유화, 레몬트리

아치에 소시지 플로랄 폼을 부착하고 연결감 있게 먼저 그린을 꽂은 후 장미와 수국으로 전체의 라인을 잡고 튤립과 거베라를 길이를 길게 하여 운동감 있게 꽂는다. 마지막으로 설유화를 꽂아 자연스러움을 준다. 이때 튤립의 꽃잎을 뒤집어서 특이한 모양을 만든다.

여성스러움을 보여 줄 수 있는 곡선 타입의 디자인으로 신부대기실이나 촬영장소, 프로포즈 용도로 활용할 수 있는 디자인이다. 두 개의 아치를 연결하면 더 좋다.

Kim,HB

06

테이블을 돋보이게 하는 스타일링 아이디어

테이블을 돋보이게 하는
스타일링 아이디어

테이블 스타일링에 사용되는 여러 종류의 액세서리들은 상차림에 꼭 필요한 요소들은 아니지만 테이블을 더 멋스럽게 꾸미는 데 일조하는 아이템이라고 할 수 있다.

네임 카드와 네임 카드 스탠드 (Name card & Name card stand)

네임 카드는 보통 여럿이 함께 하는 식탁에서 서로의 자리를 정해주는 역할을 하는 것이지만 가족이나 친구들이 모이는 소규모 모임에서 활용하면 재미있는 소품이 된다.

▲ 아이디어 소품으로 네임 카드 스탠드와 수저 받침을 활용

▲ 작은 화분에 홀더를 연결한 네임 카드

작고 귀여운 식물이 담긴 앙증맞은 화분에 홀더를 꽂아 네임 카드 스탠드로 활용해 보았다. 자연스러운 멋을 살린 상차림에 잘 어울리며, 잎이 지나치게 크거나 넝쿨이 많이 진 식물은 피하는 것이 좋다.

▲ 아이디어가 돋보이는 네임 카드

흔히 볼 수 있는 작은 음료수병에 돌을 넣고 식물을 심은 후 손님의 이름이 적힌 작은 팻말을 세워 주었다. 식사 후에는 자신의 이름이 적힌 병을 가지고 가서 식물을 키우면서 얻는 즐거움도 맛볼 수 있다.

▲ 글라스와의 연결감을 주는 네임 카드

조금 두꺼운 종이를 잘라 삼각대 모양으로 만들어 가운데 이름을 쓴다. 이름 부분을 제외하고 라피아를 길이에 맞게 잘라 붙여준다. 옆의 글라스 손잡이에도 라피아를 감아 네임카드와의 연결감을 주었다.

▲ 새 모양의 네임 카드 스탠드

시중에는 다양한 모양의 네임 카드 스탠드들이 나와 있다. 시간이 부족하거나 특별한 아이디어가 떠오르지 않을 때는 테이블 스타일과 잘 어울리는 네임 카드 스탠드를 구입하여 사용하는 것도 괜찮다.

냅킨 링 또는 냅킨 홀더 (Napkin ring or Napkin holder)

냅킨 링의 원래 목적은 냅킨을 다시 사용할 수 있도록 자신의 냅킨을 구분하고자 하는 것이었다. 예전에는 자신 이름의 머리글자를 넣은 은 소재의 링에 냅킨을 꽂아 사용하였으나 요즘에는 냅킨을 장식적인 효과를 위해 사용하는 경우가 많아 다양한 소재와 형태의 제품들이 소개되고 있다. 기성제품이 아니라도 리본이나 꽃 등 자신만의 아이디어를 넣어 만든 냅킨 링이나 홀더를 사용해도 좋다.

작은 소품 하나에도 그 상차림의 성격을 알 수 있는 만큼 무조건 예쁘고 독특한 것보다는 전체적인 조화를 생각하여 어울리는 것을 선택해 사용하도록 한다.

가끔은 전형적인 스타일의 냅킨 링보다는 조금 다른 방법으로 냅킨을 고정해 보는 것은 어떨까. 가늘고 긴 잎소재의 줄기를 이용하여 냅킨을 묶고 그 사이에 꽃을 한 송이 꽂아 두어도 좋고, 말린 연뿌리와 지끈을 연결해 냅킨 링을 대신해도 좋다.

▲ 테이블의 성격을 보여 줄 수 있는 냅킨 링

▲ 매트의 소재와 냅킨의 색과 어울리는 냅킨 링

▲ 매트와 냅킨의 색과 어울리는 냅킨링

▲ 말린 연뿌리에 끈을 연결한 냅킨 링

▲ 호엽란 줄기를 사용한 냅킨 홀더

▲ 그림 1

▲ 그림 2

▲ 그림 3

▲ 그림 4

▲ 그림 5

레스트 (Rest)

서양식 상차림에서는 커트러리류를 세팅할 때 사용하는 것으로 한식 상차림에서는 수저받침이라고 보면 된다. 격식을 갖춘 자리보다 캐주얼한 상차림에서 많이 사용되며 다양한 스타일로 사용 가능하다. 레스트나 수저받침 역시 고정적인 스타일에서 조금만 벗어나보면 상차림을 더욱 빛나게 해줄 다양한 스타일을 찾아낼 수 있다.

그림 1 그림을 주제로 한 캐주얼한 테이블 스타일링으로 물감 모양의 레스트에 연필 모양의 젓가락을 올려 재미를 더했다. 그림 2 조화를 이용해 젓가락 받침과 냅킨 홀더를 만들어 자연의 느낌을 연출하였다. 그림 3 한식 상차림이라면 옥으로 만든 수저받침에 놋수저를 올려 정갈한 분위기를 만들어 본다. 그림 4 아무리 예쁘고 독특한 소품이라고 할지라도 같이 세팅되는 식기류는 물론이고 전체 테이블 스타일링의 주제와도 어울려야 한다. 그림 5 냅킨 위에 식기, 센터피스와 어울리는 수저받침을 올려 주었다. 그림 6 식기류와 어울리는 옥빛 냅킨과 수

▲ 그림 6

▲ 그림 7

▲ 그림 8

▲ 그림 9

▲ 그림 10

▲ 그림 11

저반침이다. 그림7 작은 컵에 식물을 심고 손잡이 부분에 젓가락을 올린 아이디어가 돋보이는 수저받침이다. 그림8 잎사귀 모양의 수저받침에 향꽂이와 꽃으로 꾸며 주었다. 그림9 식물 소재로 터널을 만들어 수저받침을 꾸몄다. 그림10 자연의 느낌을 듬뿍 살린 테이블과 어울리도록 식물의 줄기를 잘라 레스트로 활용하였다. 그림11 네임 카드 스탠드와 젓가락 받침의 역할을 함께 하는 독특한 모양의 소품이다.

초와 촛대 (Candle & Candle stand)

서양식 상차림에서 초를 밝힌다는 것은 곧 식사를 시작한다는 의미이다. 하지만 정식 상차림보다 캐주얼이나 퓨전적 성향이 강한 최근의 테이블 스타일링에서는 상차림을 빛나게 하는 요소 중 하나로 사용하고 있는 경향이 짙다. 초는 테이블에 올려져 포근한 분위기를 만들 수도 있고 음식의 잡냄새와 소음을 줄일 수도 있다는 장점을 가지고 있다. 식사에 방해되지 않을 범위 내에서 초를 고르고 식사 중에 초가 녹아 없어지지 않도록 2시간 이상 불을 밝힐 수 있는 것으로 선택하도록 한다.

기본 스타일의 초를 작은 유리 화기에 넣고 꽃을 둘러 화사한 분위기를 연출하거나 크리스마스에 어울리는 작은 초를 초그릇에 넣어 테이블에 올려놓는 등 초를 즐길 수 있는 방법에는 여러 가지가 있다. 촛대도 꼭 근사한 것만이 아니라 화기나 사용하지 않는 그릇을 사용해도 되고 센터피스 가운데 초를 고정시켜 꽃과 초를 한 번에 즐기는 것도 좋다.

▲ 크리스마스 테이블이나 이벤트에 어울리는 초

▲ 유리화기와 난꽃으로 연출한 기본 형태의 초들

▲ 센터피스와 촛대의 역할을 함께하는 플라워 디자인

테이블을 풍성하게 만드는 다양한 아이디어

테이블 스타일링에 대한 관심이 높아지면서 다양한 아이디어 소품들이 나오고 있지만 일반인들이 이들을 다 갖추고 있기란 힘든 일이다. 또 화려하고 멋진 화기에 꽂은 꽃이라고 해서 어디에나 어울린다던가 비싸고 좋은 소품이라고 해서 모든 경우에 딱 맞아 떨어지는 것은 아니다. 대신 주변에서 흔히 볼 수 있는 것들에 아이디어를 더하거나 가지고 있던 것들을 활용하여 나만의 테이블 스타일링을 완성해 보는 것은 어떨까?

자연과 함께하는 삶에 관심이 높은 요즘 우리나라의 뚜렷한 사계절은 계절감을 나타내야 하는 테이블 스타일링에서 최적의 조건이라고 할 수 있다. 넓은 접시에 감을 몇 개 올리고 빨간 열매가 달린 나뭇가지를 두르고 탐스럽게 소국을 꽂아 둔다면 충분히 가을을 즐길 수 있다. 잘 쓰지 않는 옹기 뚜껑이 있다면 흰돌을 깔고 물을 부어 가지고 있던 조화 중에 예쁘게 핀 연꽃을 따서 띄워보자. 충분히 멋스럽고 근사한 테이블 센터피스가 만들어질 것이다. 뷔페 형식의 테이블일 경우 냅킨을 어떻게 해야 하나 고민될 경우가 있다. 그럴 때는 테이블 센터피스에 사용한 소재 중에서 가늘고 긴 소재로 삼각형으로 접은 냅킨을 묶어서 겹친 다음에 꽃 얼굴만 따서 몇 송이 올려두면 근사한 냅킨 스타일링이 된다. 아니면 전체 색감과 맞는 냅킨을 준비하여 삼각형으로 접은 다음 접시에서부터 흘러내리는 느낌으로 차곡차곡 겹쳐 두는 것도 괜찮은 방법이다.

직접 소품을 만들고 테이블을 꾸미는 일은 기성 제품을 이용하거나 전문가의 손길을 빌린 것보

▲ 과일과 꽃을 이용해 계절감이 느껴지는 테이블

▲ 편안하고 부드러운 분위기의 동양적 테이블 스타일링과 공간

다 어설퍼 보일 수는 있지만 아이디어를 생각하고 만들고 꾸미면서 얻은 기쁨과 그 결과에 대한 만족도는 다른 무엇에도 비할 수 없다.

하지만 이렇게 일반인들이 직접 소품을 만들고 연출할 때는 한 가지 주의해야 할 점이 있는데 그것은 바로 공간과의 조화 문제이다. 가정에서의 테이블 스타일링은 이미 컨셉이 정해져 스타일링된 다른 레스토랑이나 호텔 등과 달리 잘 꾸민 식탁만으로도 얼마든지 공간의 변화를 가져올 수 있다. 하지만 다른 공간과의 조화를 고려하지 않은 채 지나치게 식탁에만 집중하면 그 식탁이 놓인 공간, 즉 현관을 들어서면서부터 맞게 되는 집안의 다른 공간들과 전혀 어울리지 않아 의도한 바를 전혀 표현하지 못할 경우가 있다. 집 안 곳곳에 시선을 모을 수 있는 일정한 느낌의 소품을 배치하거나 전체 색감을 연결시켜 준다면 더욱 돋보이는 테이블 스타일링으로 마무리할 수 있다.

▲ 안 쓰는 옹기와 꽃으로 연출한 테이블 플라워 디자인

▲ 뷔페 테이블에서 냅킨 연출하기

07

알고 있으면 도움되는 테이블 매너

한식 테이블 매너

서양식 테이블 매너

요령과 재치가 필요한 경우

알고 있으면 도움되는 테이블 매너

　테이블 매너란 식사 예절을 뜻하는 것으로 식사 시에 기본적으로 지켜야 할 예절을 말하는 것이다. 서양식 식사 예절을 뜻하는 테이블 매너(Table manner)라는 말은 '사람의 손'과 '방법', '방식'을 뜻하는 단어에서 유래한 것으로 19세기 영국의 빅토리아 여왕 시대에 와서 완성되었다고한다. 우리나라도 일찍이 의복과 음식에 대한 제도를 가르치고 행하였는데 사회적 규범이 엄격했던 조선시대에는 음식 먹는 예절 또한 엄격하게 지켜졌다. 오늘날 서양식 요리와 외식 문화가발달하면서 서양식 테이블 매너를 모르면 품위가 떨어진다고 생각하는 경우가 있다. 하지만 식사 예절의 기본 정신은 형식에 있는 것이 아니라 서로 음식을 조금 더 맛있게, 더 즐겁게 먹자는데 있는 것이므로 지나치게 형식에 얽매여 오히려 곤란한 상황을 만들지 말고 모르는 것은 물어보면서 여유 있게 행동할 필요가 있다.

　음식을 맛있게 느끼는 데에는 기본적으로 음식의 맛이나 재료에 따라 달라지기도 하지만 식사하는 사람이 어떤가, 식사하는 분위기는 어떤가에 좌우되기도 한다. 음식의 맛은 미각 외에도 시각, 후각, 청각, 촉각 등 인간의 오감(五感)이 만족되어야만 제대로 느껴지기 때문이다. 제대로된 분위기에 잘 차려진 상이라고 해도 분위기를 깨트리는 차림과 행동을 하는 사람, 화장품이나향수 냄새를 강하게 풍기는 경우, 높은 목소리로 대화를 하고 경박하게 웃거나 조심성 없게 식기

▲ 서양식으로 꾸민 동양 분위기의 테이블

▲ 개인별로 차린 다과 상차림

를 다뤄 거슬리는 소리를 내는 사람이 있다면 그 식사 시간은 안 좋은 기억으로 남게 될 것이다. 이처럼 테이블 매너라는 것은 같이 자리한 사람들이 즐겁게 식사할 수 있도록 행동하는 최소한의 예의를 뜻하는 것이다.

테이블 매너는 그 문화권에 따라 조금씩 달라지는데, 서양의 경우 즐거운 대화를 나누면서 식사하는 것이 보편화되어 있고 식사 시간 동안 아무런 말이 없으면 그것이 오히려 식사 예법에 어긋난다고 여긴다. 하지만 우리나라 식사 예법에서는 입 안에 음식물을 넣고 얘기하거나 상 앞에서 지나치게 크게 웃는 등의 행동은 예의가 아니라고 생각한다. 또 쌀을 주식으로 하는 동양 문화권이라 하더라도 일본과 중국은 젓가락을 이용하여 밥을 먹지만 우리나라에서는 젓가락과 숟가락의 사용법이 명확하게 구분되어 있다. 이 외에도 일본은 밥그릇을 입 가까이에서 들고 먹는 것이 예의이지만 우리나라에서는 밥그릇을 들고 먹어서는 안 된다.

한식 테이블 매너

● 식사 자세

- 상 앞에서는 등을 꼿꼿이 하고 한 팔로 방바닥을 짚는 등 흐트러진 자세를 보여서는 안 된다.
- 예전에는 식사 중에 얘기를 하는 것이 예법에 어긋나는 것이었으나 현대에는 음식물이 입 안에 들어 있지 않은 경우에는 얘기를 해도 무방하다.
- 식사 중에는 슬프거나 무거운 얘기는 피하고 되도록 어렵지 않고 밝은 주제를 선택하도록 한다.
- 식사 중에 주인이 자꾸 자리를 비우면 손님이 불안을 느낄 수 있으므로 주인은 미리 완전히 준비를 한 후 가급적 자리를 뜨지 않도록 한다.

- 식사 중 재채기나 기침은 삼가는 것이 좋은데 부득이할 경우 손수건을 이용하여 다른 사람에게 튀지 않도록 한다.
- 음식에 이물질이 들어 있을 때는 아무도 모르게 조용히 처리하고 식사 후 조용히 얘기한다.
- 잘못한 일이 있어도 식사 후에 꾸짖도록 하며 누군가 실수를 하여도 웃지 말고 그 사람이 곤란하지 않도록 도와준다.

● 상 올리는 예절

- 우리나라는 좌식 생활을 하는 온돌 문화로 상석이 아랫목이다. 따라서 상석에 웃어른이나 손님을 모시도록 하고 상에 각이 졌을 경우엔 모서리 부분은 피해서 앉도록 한다.
- 상을 들일 때는 가급적 소리를 내지 말고 문지방을 밟지 않도록 조심하며 상을 내려놓을 때는 드시는 분의 두세 걸음 앞에 소리나지 않게 조심하여 내려놓도록 한다.
- 찬 음식은 차게, 더운 음식은 따뜻하게 하여 먹기 직전에 내도록 하고 술이 겸해질 때는 술을 어느 정도 먹은 후 밥과 국을 내도록 한다.

▼ 반상의 좌석 배치도

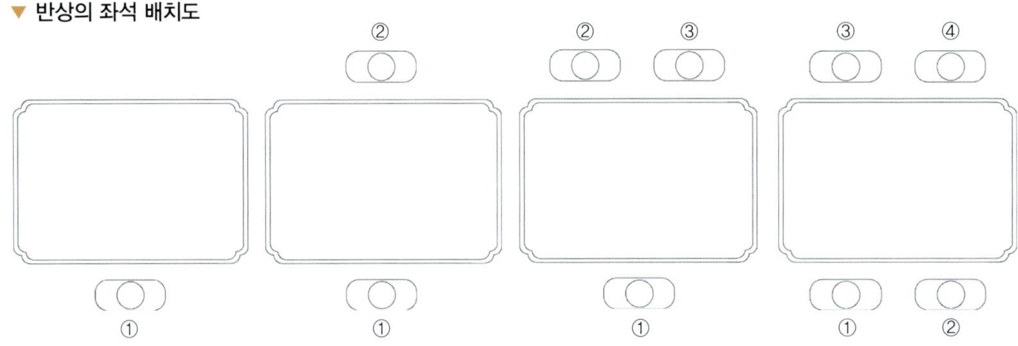

일반적인 반상의 좌석 배치도로 ①은 어른 또는 주빈으로 보고 숫자는 앉는 순서이다.

● 숟가락 · 젓가락 사용법

- 숟가락과 젓가락은 한 손에 들고 사용하지 않도록 한다. 젓가락은 사용하지 않을 때는 상에, 숟가락은 상 또는 국그릇에 올려둔다.
- 식사 중 숟가락은 빨면 안 되고 숟가락과 젓가락을 반찬 그릇 위에 걸쳐 놓으면 안 된다.
- 먹는 도중 수저에 음식물이 묻어 있지 않도록 주의하며, 숟가락과 젓가락이 부딪히는 소리가 나지 않도록 한다.
- 밥과 국물김치, 찌개, 국은 숟가락으로 먹고, 다른 반찬은 젓가락을 사용하도록 한다.

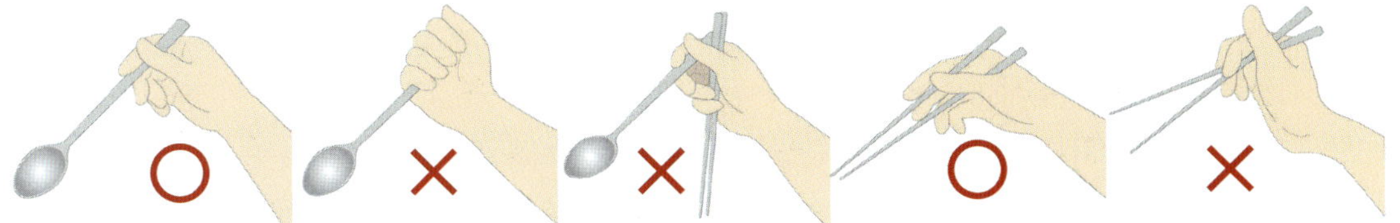

● 식사 중 예절

- 상을 받으면 숟가락으로 김치국물을 먼저 떠 마시고 난 후 다른 음식을 먹기 시작한다.
- 음식은 한 입 크기로 떠먹고 반찬을 뒤적이거나 양념을 털어내는 등의 행동은 하지 않도록 한다.
- 국은 소리나지 않게 숟가락으로 떠먹도록 하고, 탁한 국물에 밥을 말아 먹는 것은 원칙적으로는 예의가 아니라고 여겼다.
- 여러 명이 같이 식사를 할 경우 웃어른이 수저를 든 다음 수저를 들어야 하고, 먼저 식사가 끝났더라도 웃어른이 식사를 끝내고 수저를 내려놓을 때까지 기다리도록 한다.
- 덜어 먹는 음식은 웃어른이 먼저 덜어 드시도록 하고 순서대로 차례로 덜어 먹으면 된다.
- 여럿이 먹는 자리에서 젓가락을 입으로 빨다가 반찬을 집는 것은 다른 사람에게 매우 불쾌감을 줄 수 있다.
- 식사 중에는 책, 신문, TV 등을 보지 않도록 한다.

▲ 정갈한 분위기의 한식 테이블 스타일링

● 식사 후 예절

- 식사 후에는 수저를 가지런히 내려놓고 숭늉을 마시는데 양치 소리를 내거나 벌컥벌컥 마시지 말고 조용히 마시도록 한다.
- 식사 후에는 식사에 대한 감사 인사를 하여 예를 갖추도록 한다.
- 이쑤시개를 사용할 때에는 한 손으로 가리고 사용하도록 하고, 사용 후에는 남에게 보이지 않게 처리한다.

▼ 첩 반상 상차림

● 상차림 규칙

- 뜨겁거나 물기가 많은 음식은 오른편에, 찬 음식과 마른 음식은 왼편에 놓는다.
- 밥그릇은 왼편, 국그릇은 오른편에 두고 장 종지는 상 한가운데 둔다.
- 수저는 오른편에 두는데 젓가락은 숟가락 뒤에 붙여 상의 밖으로 약간 걸쳐 놓는다.
- 상 뒷줄 중앙에는 김치류, 오른편에는 찌개, 육류는 오른편, 채소는 왼편에 놓는다.

● 외국인에게 한국 음식을 대접할 때

같은 동양 문화권도 마찬가지지만 서양 문화권과 우리의 상차림에는 큰 차이가 있다. 메뉴 구성, 상차림 방법, 식사 예절 등. 때문에 외국인에게 식사 대접을 할 때는 당황하거나 거부감을 가지지 않고 흥미롭게 다른 나라의 식사 문화를 받아들일 수 있도록 하는 것이 중요하다. 우선은 식탁의 형태를 결정해야 하는데 우리나라 전통 밥상은 사각반이나 원반을 기본으로 하는 좌식 형

▲ 입식으로 꾸민 한식 상차림

태이다. 전통 방법대로 상을 차리는 것이 가장 좋겠으나 4인 이상이 모이는 경우라면 입식으로 식탁을 꾸미고 서양의 상차림 기법을 살짝 가미하여 꾸미는 것이 좋다. 또 식탁을 꾸미는 여러 가지 요소들의 위생과 함께 외국인들에게는 낯선 풍경일 수도 있는 음식을 자르는 가위, 식탁을 닦는 행주 등은 한국 음식에 대한 인상을 좌우할 수 있으므로 특별히 신경쓰도록 한다.

서양식 테이블 매너

● 기본 매너

- 레스토랑에 예약을 할 경우 미리 자신의 이름과 참석자 수를 정확하게 알려주도록 한다. 예약 시간은 반드시 지키도록 하고 레스토랑에 들어섰을 땐 안내를 해줄 때까지 기다린다.
- 자리가 마음에 들지 않을 경우엔 일방적으로 옮기지 말고 옮기고 싶다는 의사를 전달한 후 상황이 괜찮으면 이동하도록 한다.
- 상석에는 그 날의 주빈이 앉는 것이 원칙인데 특별한 주빈이 없을 때는 여성이 앉도록 한다.
- 네임 카드가 있을 경우에는 자신의 이름이 적힌 좌석에 가서 앉으면 되고, 네임 카드가 없을 경우엔 주인의 안내를 따르도록 한다.
- 의자에 앉을 때는 상체를 세우고 테이블과 몸 사이에 주먹 두 개 정도의 거리를 둔다.

- 손은 식사 전에는 테이블 위나 무릎 위에 자연스럽게 올려놓도록 하며 테이블 위에 손을 세우거나 턱을 괴는 행동은 금하도록 한다.
- 레스토랑이나 연회장에서는 모자나 코트, 가방 등의 짐은 클로크룸에 맡기는 것이 원칙이나 여성의 작은 핸드백의 경우 자신의 의자 뒤쪽에 두면 된다.
- 핑거볼에는 손을 푹 담그지 않고 한쪽씩 손가락 끝만 씻도록 한다.

▼ 테이블 좌석 배치도

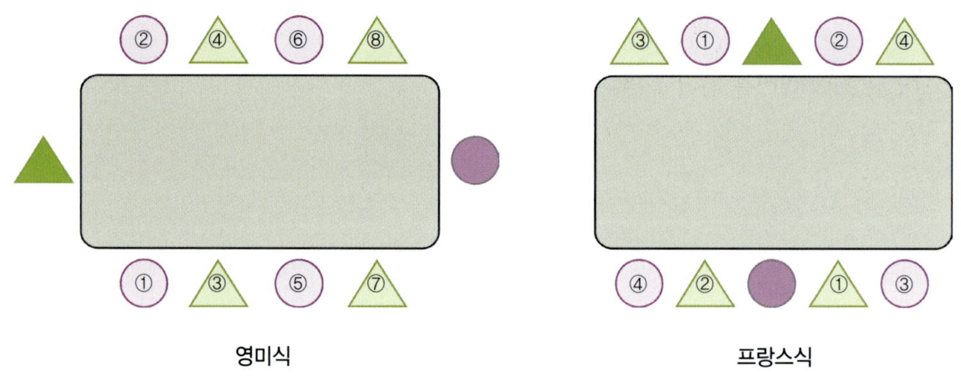

영미식과 프랑스식에는 조금씩의 차이가 있지만 남자 주인과 여자 주인은 항상 마주 앉도록 하며 여자 주인의 오른쪽에 남자 주빈, 남자 주인의 오른쪽에 여자 주빈이 앉도록 한다.

▼ 테이블에서 올바른 자세　　　　　　　　　　　　　　　　　▼ 핑거볼 사용법

● 테이블 웨어 사용법

- 중앙 접시를 기준으로 나이프는 오른쪽, 포크는 왼쪽에 놓이게 되는데 각각 오른손과 왼손에 잡으면 된다.
- 포크는 요리에 따라 각기 다른 것을 사용하는데 용도를 잘 모를 경우엔 바깥쪽에서부터 차례로 사용하면 된다.
- 식사 중의 포크와 나이프는 접시 양 끝에 걸쳐 놓거나 접시 위에 서로 교차해서 놓는데 포크의 경우 접시 위에 둘 때는 엎어 놓고 식사가 끝난 후에는 나이프의 칼날이 반드시 자기 쪽으로 향하도록 하여 접시 중앙에 가지런히 놓는다.
- 스푼을 같이 사용했을 경우엔 바깥쪽에서부터 나이프, 포크, 스푼의 순으로 가지런히 모아둔다.
- 냅킨은 좌석을 둘러보고 모두 앉은 것이 확인되었을 때 무릎 위에 펼쳐두고 식사가 끝난 후 냅킨은 접어 테이블 위에 놓는다.
- 냅킨은 입을 닦는다거나 핑거볼을 사용한 후 물기를 닦는 것, 립스틱을 닦는 것은 예의에 어긋나는 행동이다.

▼ 나이프와 포크의 올바른 사용법

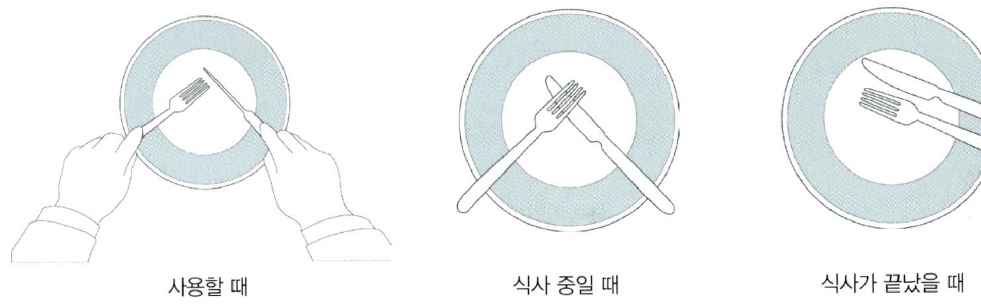

| 사용할 때 | 식사 중일 때 | 식사가 끝났을 때 |

● 식사 중 매너

■ 식전주
- 식전주는 식욕을 촉진시키기 위해 가볍게 마시는 것으로 과음하여 취하는 일이 없도록 한다.
- 술을 잘 하지 못하는 사람의 경우 가만히 있기보다 주스 등을 함께 마시도록 한다.
- 차갑게 마시는 식전주는 글라스의 목 윗부분을 잡도록 한다.
- 너무 시간을 끌면서 마시지 않도록 하고 식전주로 칵테일이 나왔을 경우 글라스 가장자리의 장식은 먹어도 된다.

■ 전채 요리
- 서양 요리는 가장 먹기 좋은 상태에서 서브되므로 나오는 순서대로 먹는다.

▲ 서양식 정찬에서 테이블 웨어 세팅

- 전채 요리는 본격적인 식사 전 입맛을 돋우기 위한 것으로 너무 많이 먹지 않는다.
- 셀러리, 파슬리, 카나페는 손으로 먹어도 되고 생굴은 생굴용 포크로 관자 부분을 떼어내고 먹도록 한다.

■ 수프
- 수프용 스푼은 펜을 잡듯이 잡고 자기 앞쪽에서 바깥쪽으로 떠서 먹는다.
- 뜨거운 수프일 경우 입으로 불지 않으며, 수프를 한번에 먹지 않고 나눠 마시는 것도 좋지 않다.
- 수프를 먹을 때는 차를 마시듯 소리를 내서는 안 되며 손잡이가 달려 있는 수프 컵의 경우는 손으로 들고 먹어도 무방하다.

■ 빵

- 미리 세팅되어 있는 경우도 있지만 보통 빵은 수프를 먹은 후 먹기 시작한다.
- 빵은 나이프로 잘라 포크로 찍어 먹지 않고 손으로 잘라 나이프로 버터 등을 발라 먹는다.
- 크로아상, 토스트, 브리오슈 등은 조식용 빵이므로 저녁 정찬 모임에서는 내지 않는다.

■ 와인

- 와인은 식전주, 식중주, 식후주 모두에 애용되는 것으로 요리와의 조화를 생각해서 선택하도록 한다. 종류에 따라 사용되는 글라스가 다르므로 각자 알맞은 글라스를 사용한다.
- 와인을 따를 때 글라스를 들어 올리지 않으며, 건배는 눈높이 정도로 들어 올려서 한다.

알고보면 재미있는 정보

와인과 요리의 조화

주 요리에 육류가 많은 서양 요리에는 식사가 진행됨에 따라 고기의 지방 성분으로 입맛이 점점 무뎌지게 된다. 이때 같이 마시는 와인은 입안의 지방분을 없애주고 혀를 긴장시켜 미각을 되찾아주는 역할을 한다. 뿐만 아니라 알코올 성분이 위를 적당히 자극시켜 식욕을 촉진시켜 준다. 하지만 모든 요리에 모든 와인이 어울리는 것은 아니다. 서로 궁합이 맞는 와인과 요리가 있다.

전채 요리나 카나페 · 수프에는 식욕을 촉진시키는 드라이한 화이트 와인이나 쉐리주가, 담백하게 즐기는 생선 · 조개류 · 닭 요리에는 부드러운 풍미의 허브 드라이 화이트 와인이 어울린다. 대체로 맛이 진한 육류는 향이 강하고 감칠맛이 돋보이는 레드 와인과 함께 먹으면 좋다. 하지만 같은 레드 와인이라고 하더라도 쇠고기 · 돼지고기 등 가축류에는 부드러운 보르도가 어울리고, 사슴 · 멧돼지 · 오리 · 꿩 등의 야생 동물이나 조류에는 강한 맛의 버건디가 특히 어울린다. 이처럼 와인과 요리에는 서로 어울리는 궁합이 있지만 코스 요리의 경우 전체적인 리듬이 있어 이에 맞는 와인으로 준비해야 한다. 두 종류 이상의 와인이 준비되었을 경우 담백한 라이트 와인(Light Wine)에서 시작해 강한 맛의 해비 와인(Heavy Wine)으로, 같은 상품의 와인은 연대가 빠른 것부터 오래된 순으로 마신다. 또, 드라이 와인(Dry Wine)에서 스위트 와인(Sweet Wine)으로, 화이트 와인(White Wine)으로 시작해 레드 와인(Red Wine)의 순으로 마신다. 이 외에도 다른 나라의 요리를 먹을 때는 그 나라의 요리와 어울리는 와인을 마시는 것이 좋으며 와인은 요리와 함께 시작하여 디저트가 나오기 전까지 마시는 것이 좋다.

▲ 독특한 모양의 글라스류를 사용한 테이블

- 와인에 대한 시음은 남성 호스트가 하는 것이 원칙이며 시각, 후각, 미각을 동원하여 시음하도록 한다.
- 와인을 마시기 전에는 냅킨으로 입 주위를 가볍게 닦도록 하며 여성의 경우 립스틱이 묻지 않도록 주의한다.

■ 생선과 고기 요리에 대한 매너

- 생선은 위쪽 살을 다 먹은 다음 뒤집지 말고 그 상태에서 나이프와 포크를 이용해 살을 발라낸 후 먹고, 새우는 포크로 머리 부분을 고정시키고 나이프를 살과 껍질 사이에 넣어 살을 벗겨낸 후 먹는다.
- 입 안에 들어간 가시나 **뼈**는 포크로 받아서 접시에 두거나 한 손으로 입을 가린 후 꺼내어 처리한다.
- 소스가 나오기 전에는 음식에 손을 대지 않도록 하며, 묽은 소스는 요리에 직접 뿌리고 진한 소스는 접시 한 쪽에 덜어 놓는다.
- 고기는 한 번에 자르기보다 먹기 좋을 만큼 잘라가며 먹도록 하고, 고기를 자를 때는 바깥쪽에서 시작하여 안쪽 방향으로 세로로 자르도록 한다.
- 고기는 굽는 정도에 따라 맛이 달라지므로 자기가 원하는 굽기 상태를 미리 얘기하도록 한다.
- 고기나 치킨이 들어간 파이 종류의 껍질은 포크로 자르지 않고 나이프와 포크로 떼내어 내용물과 함께 잘라 먹는다.

■ 야채 · 샐러드 · 디저트에 대한 매너

• 옥수수는 손잡이를 잡고 손으로 먹어도 되며, 콩은 빵으로 눌러가며 먹거나 포크로 눌러 납
  작하게 만든 다음 먹는다. 구운 감자의 껍질은 그냥 먹어도 된다.
• 소금이나 후추 등의 조미료는 무턱대고 뿌리는 것이 아니라 한두 번 먹어본 후 취향에 맞게
  뿌려 먹는다.
• 샐러드는 고기 요리를 먹을 때 빠져서는 안 되는 것으로 고기와 번갈아 먹도록 한다.
• 커다란 그릇에서 샐러드를 덜어 먹어야 할 경우 스푼과 포크를 이용해 개인 접시로 덜어와
  먹는데 너무 많이 가져와 남기는 실례를 범하지 않도록 한다.
• 디저트로 과자나 케이크, 과일 등 달콤하고 부드러운 것을 내는데 딱딱한 빵이나 쿠키는 저
  녁 식사 시 디저트로는 어울리지 않는다.
• 수분이 많은 과일은 스푼으로 먹고 포도씨의 껍질은 손바닥 안에 뱉어 접시 위에 살짝 놓는다.

■ 식탁에서의 주의 사항

• 떨어뜨린 포크나 나이프는 직접 줍지 않으며 손에 든 나이프나 포크는 세워 잡거나 나이프를
  입에 대거나 해서는 안 된다.
• 식사가 끝났다고 식기를 포개 놓는 등 식기를 움직여서는 안 된다.
• 입에 음식물을 담고 말을 하거나 음료를 마시는 등 다른 음식을 먹어서는 안 된다.

알고보면 재미있는 정보

서양 요리에서 디저트의 의미

  서양 요리는 설탕을 거의 사용하지 않으며 전분도 적게 사용하기 때문에 식후에 달콤한 것이 먹고 싶어진다. 디저트(Dessert)란 말은 '치운다', '정리한다'란 뜻을 가지고 있는데 디저트용 과자를 프랑스어로 앙트르메(Entremets)라고 한다. 이것은 '중간'이라는 말과 '음식'이라는 말의 합성어로 원래 고기와 찜구이 요리 사이에 나오는 빙과류를 일컫는 말이다. 오늘날은 조금씩 그 의미가 변화되어 빙과류를 포함한 달콤한 과자 전부를 일컫는 뜻으로 쓰이고 있다. 따뜻한 디저트로는 푸딩, 크림으로 만든 과자나 과일을 이용한 과자, 파이류가 있고, 차가운 디저트로는 아이스크림과 셔벗이 있다.

요령과 재치가 필요한 경우

■ 식사 중의 실수

레스토랑에서 식사 시 실수를 하였을 경우 조용히 웨이터나 지배인을 불러 처리한다. 가정에서는 서로의 실수를 보았더라도 모른척 해준다.

■ 술이나 음료를 사양할 때

준비한 음식을 남기는 것은 주최자에 대한 커다란 실례이지만 스스로 판단하여 모두 먹기 힘들 때는 사전에 양해를 구하도록 한다. 술이나 음료를 굳이 마시고 싶지 않을 때도 무조건 거절하기보다 부드럽게 사양하도록 한다.

■ 뜨거운 음식이나 상한 음식을 먹었을 때

무심코 뜨거운 음식을 먹었을 때는 곧바로 차가운 물이나 음료를 먹도록 하고 주변에 음료가 없을 때는 종이 냅킨에 뱉어 한쪽에 치워 둔다. 입에 넣고 나서야 음식이 상했음을 알았을 때는 조용히 냅킨에 뱉어 처리한다.

■ 고기나 뼈 등 음식물이 목에 걸렸을 경우

물을 마시거나 냅킨으로 입을 가리고 기침을 하여 빠지도록 하는데 여러 번 기침을 하고 싶을 경우 실례를 구하고 테이블을 빠져 나오도록 한다.

■ 기침, 재채기, 코풀기 등 생리현상

기침이나 재채기를 한두 번할 때는 냅킨, 손수건, 손 등으로 입을 가리고 하며 계속 나온다면 양해를 구하고 자리를 뜨도록 한다. 코를 풀고 싶을 때도 양해를 구하고 자리를 뜬 후 해결하도록 한다.

■ 음식에 이물질이 들어 있을 경우

돌, 벌레, 머리카락 등 이물질이 입에 들어갔을 경우엔 조용히 손바닥에 뱉는다. 먹기 전에 이물질을 발견했을 때는 먹기 힘들 정도로 역하지 않다면 이물질 제거 후 식사를 계속 하도록 한다. 레스토랑의 경우 사람을 불러 잘못을 지적해 준다.

■ 소금 · 후추 등 조미료의 사용

레스토랑에서는 최선의 상태로 요리가 서빙되므로 맛도 보지 않고 조미료를 첨가할 필요는 없다. 집에서 하는 모임에서 조미료를 첨가할 경우 요리가 맛없다는 오해를 줄 수 있다. 만약 자신의 자리에서 멀리 있는 조미료가 필요하다면 가까이 있는 옆 사람에게 부탁하도록 한다.

■ 잇새에 낀 음식

식사 중에는 손가락이나 이쑤시개로 이를 쑤셔서는 안 된다. 식사 후 처리하도록 한다.

■ 식사의 보조

다 같이 모여서 하는 식사는 모두 즐겁게 먹고자 하는 데 그 목적이 있다. 따라서 혼자 앞서거나 뒤처지는 것보다 보조를 맞추는 것이 좋다.

■ 특수한 음식을 먹는 요령

- 아스파라거스 : 줄기가 단단한 부분을 포크로 자른 후 손으로 먹는다.
- 베이컨 : 말랑말랑한 베이컨은 포크로, 파삭파삭한 베이컨은 손으로 먹기도 한다.
- 치즈 : 상추나 크래커 등 생채 요리와 함께 먹을 때는 포크로 잘라 펴 바르고, 부드럽거나 묽은 치즈는 나이프를 사용한다.
- 칵테일 속 장식물 : 칵테일에 장식된 체리나 올리브 등은 손으로 직접 꺼내 먹어도 된다.
- 샌드위치 : 차가운 샌드위치는 손으로, 따뜻한 샌드위치는 포크와 나이프를 사용한다. 두툼한 샌드위치는 나이프로 잘게 자른 후 손으로 먹는다.

▲ 핑거푸드 위주로 차린 와인 상차림

▲ 추수감사절에 즐기는 요리

▲ 야외 결혼식 피로연

▲ 재미있는 주제로 꾸민 테이블

flower material

꽃 소재 목록

아킬레아
Achillea

아가판서스
Agapanthus

아게라텀
Ageratum

알륨
Allum

알스트로메리아
Alstroemeria

썬바디
Ammi

아네모네
Anemone

노무라
Arachniodes

스마일락스
Asparagus

엽란
Aspidistra

대국도
Asplenium

아스칠베
Astilbe

반다 Banda	**버프리움** Bupleurum	**맨드라미 1** Celosia	**맨드라미 2** Celosia
망개 China smilax	**드라세나** Cordy line	**샤므록** Cresanthmum	**신비디움** Cymbidium
다알리아 Dahlia	**델피늄** Delphinium	**프로기 소국** Dendranthema	**핑퐁국화** Dendranthema
녹색 덴파레 Dendrobium	**덴파레** Dendrobium	**녹색 카네이션** Dianthus	**보라 카네이션** Dianthus

석죽
Dianthus

유칼리나무
Eucalyptus

유칼립투스
Eucalyptus

미색리시안샤스
Eustoma

분홍리시안샤스
Eustoma

팔손이
Fastsia

프리지아 1
Freesia

프리지아 2
Freesia

용담
Gentiana

거베라
Gerbera

천일홍
Gomphrena

안개
Gypsophila

잎안개
Gypsophila

줄맨드라
Hanging Amaratus

해바라기
Helianthus

히아신스
Hyacinthus

수국 1
Hydrangea

수국 2
Hydrangea

하이페리쿰
Hypericum

낙산홍
Ilix

리아트리스
Liatris

분홍 나리
Lilium

미스티블루
Limonium

스토크
Matthiola

몬스테라 큰잎
Monstera

몬스테라잎
Monstera

수선화
Narcissus

니겔라
Nigella

옥시페탈룸
Oxyperalum

작약 1
Paeonia

작약 2
Paeonia

명자란
Polygonatum

노란장미
Rosa

분홍장미
Rosa

블랙뷰티 장미
Rosa

빨간장미
Rosa

레몬잎
Salau

샌더소니아
Santhesonia

스카비오사
Scabiosa

불로초
Sedum

트라켈리움
Trachelium

보라 튤립
Tulipa

튤립
Tulipa

핑크 튤립
Tulipa

노랑 칼라릴리
Zantedeschia

분홍 칼라릴리
Zantedeschia

흰색 칼라릴리
Zantedeschia

빨간 스카비오사

참고 문헌

최지아 외　『테이블 스타일링』 형설출판사

김지영 외　『테이블&푸드 코디네이트』 교문사

오경화 외　『테이블 코디네이트』 교문사

이유주　『테이블 플라워 디자인』 경춘사

이유주　『푸드 컬러와 디자인』 경춘사

이지윤　『테이블 세팅』 김영사

왕경희 외　『파티! 파티 만들기』 수학사

김영애　『특별한 파티 테이블』 웅진

호텔신라　『서비스교육센터 현대인을 위한 국제 매 』 김영사

황혜성　『조선왕조 궁중음식』 사단법인 궁중음식연구원

I.R.I색채연구소　『어떤색이 좋을까? Color Combination』 영진닷컴

사이트

www.color21c.co.kr

www.naver.com

www.daum.net

이미지

Profil Studio

2007년 제4회 토야 테이블웨어 페스티발

2006년 프랑스 MAISON&OBJET

도움 주신 분

요리 : 조형학 조선호텔 총주방장,
　　　유재덕 조선호텔 R&D 부주방장

사진 : Profil Studio 구자익 실장

푸드 코디네이터 : 박보연

플라워 스타일링 : 김선희, 홍주경, 김정민,
　　　조윤민, 김수정, 이지아
　　　신구대학교 원예디자인과 졸업생 및 재학생

촬영 장소

명가원 : (031)948-3810,3805

누들스 : (02)525-3895

조선호텔 : (02)771-0500

리디아플라워클럽 : (02)593-0923

소품 협찬

풍선 : (사)국제파티예술문화협회 02)521-3336

그릇 : 우리그릇 려 (02)549-7573

테이블 스타일링 & 플라워

2008년 6월 15일 1판 1쇄
2023년 2월 10일 2판 3쇄

저자 : 왕경희
펴낸이 : 남상호

펴낸곳 : 도서출판 예신
www.yesin.co.kr

(우)04317 서울시 용산구 효창원로 64길 6
대표전화 : 704-4233, 팩스 : 335-1986
등록번호 : 제3-01365호(2002.4.18)

값 20,000원

ISBN : 978-89-5649-068-7

table styling